兵团重大科技项目计划
"乳肉牛融合发展绿色养殖技术集成与示范（2021AA004）"

奶牛繁殖障碍性疾病的病因及对策

窦立静　吴　洁　林为民　主编

中国农业科学技术出版社

图书在版编目(CIP)数据

奶牛繁殖障碍性疾病的病因及对策 / 窦立静，吴洁，林为民主编． -- 北京：中国农业科学技术出版社，2025.3. -- ISBN 978-7-5116-7309-1

Ⅰ．S823.93

中国国家版本馆 CIP 数据核字第 2025PC7576 号

责任编辑　张国锋
责任校对　李向荣
责任印制　姜义伟　王思文

出 版 者	中国农业科学技术出版社
	北京市中关村南大街 12 号　　邮编：100081
电　　话	(010) 82109705（编辑室）　　(010) 82106624（发行部）
	(010) 82109709（读者服务部）
网　　址	https://castp.caas.cn
经 销 者	各地新华书店
印 刷 者	北京建宏印刷有限公司
开　　本	148 mm×210 mm　1/32
印　　张	7
字　　数	198 千字
版　　次	2025 年 3 月第 1 版　2025 年 3 月第 1 次印刷
定　　价	60.00 元

◆版权所有·翻印必究◆

《奶牛繁殖障碍性疾病的病因及对策》
编 委 会

主　编：窦立静　吴　洁　林为民

副主编：陈强斌　牛春晖　刘　强　董　峰
　　　　张　霞　蔺文龙　曾文轩　杨　阳

编　者：王煜舒　万　姣　马　宏　周　彬
　　　　赵艳梅　宋德强　王洪涛　朱青香
　　　　柳汀育　张亚龙　卢　佳

前　言

　　奶牛作为重要的畜牧业资源，其繁殖健康直接关系到整个奶牛养殖业的经济效益和发展前景。然而，奶牛繁殖障碍性疾病在实际生产中普遍存在，严重影响了奶牛的繁殖效率和生产性能。这些疾病不仅导致流产、死胎、木乃伊胎、无活力的弱仔、畸形胎儿和不育症等繁殖问题，还给养殖户带来了巨大的经济损失。

　　奶牛繁殖障碍的原因多种多样，包括生殖系统疾病、内分泌紊乱、胎产病、饲养管理不当、营养失调、环境应激以及遗传因素等。例如，生殖道炎症如子宫内膜炎和子宫颈炎是引起不孕的主要原因之一；激素紊乱则可能由于饲养管理不当或应激引起；营养不良或营养过剩也会导致繁殖障碍。此外，遗传效应也对奶牛的繁殖能力有显著影响，不同品种的奶牛在自然抵抗力和发病率上存在差异。

　　本书基于大量文献和实际案例分析，详细介绍了奶牛繁殖障碍性疾病的病因，系统地探讨了奶牛繁殖障碍性疾病的防治对策，旨在为养殖户提供科学、实用的指导，帮助他们更好地管理和预防这些疾病，从而提高奶牛的繁殖效率和经济效益。希望通过本书的出版，能够为奶牛养殖业的发展作出一定的贡献。

目 录

第一章 奶牛养殖现状及繁殖障碍概述 ················· 1
 第一节 全球范围内奶牛养殖现状 ················· 1
 第二节 繁殖障碍对奶牛养殖经济效益的影响 ········ 8
 第三节 目的与意义 ··························· 10
第二章 奶牛繁殖生理基础 ························ 14
 第一节 奶牛生殖器官与生理功能 ················ 14
 第二节 奶牛发情鉴定 ························· 32
 第三节 发情周期调控机制 ····················· 35
 第四节 受精与胚胎发育过程 ··················· 40
 第五节 奶牛繁殖管理基础 ····················· 44
第三章 常见繁殖障碍性疾病及其病因 ··············· 50
 第一节 卵巢机能障碍 ························· 50
 第二节 子宫内膜炎 ··························· 54
 第三节 子宫颈炎 ····························· 59
 第四节 输卵管炎 ····························· 63
 第五节 繁殖免疫障碍 ························· 67
 第六节 先天性繁殖障碍 ······················· 73
第四章 诊断技术与评估方法 ······················ 78
 第一节 临床检查与病史记录 ··················· 78
 第二节 生化与内分泌指标检测 ················· 86
 第三节 影像学诊断 ··························· 93
 第四节 细胞学与微生物学检查 ················· 98
 第五节 遗传学检测与评估 ···················· 103

第五章　疾病预防策略与治疗方案 ……………………… 107
  第一节　营养管理与繁殖健康 …………………………… 107
  第二节　疾病防控体系建立 ……………………………… 112
  第三节　治疗原则与常用药物 …………………………… 116
  第四节　辅助生殖技术的应用 …………………………… 121
  第五节　心理与环境因素的调整 ………………………… 126

第六章　案例分析 …………………………………………… 131
  第一节　奶牛典型繁殖障碍性疾病案例研究 …………… 131
  第二节　奶牛繁殖障碍疾病与其他并发疾病的关联案例
      研究 ……………………………………………… 150
  第三节　环境因素与奶牛繁殖障碍疾病长期影响案例研究 … 159

第七章　未来趋势与研究方向 ……………………………… 172
  第一节　繁殖障碍性疾病的遗传学研究进展 …………… 172
  第二节　新兴技术在奶牛繁殖管理中的应用 …………… 178
  第三节　畜牧业可持续发展视角下的繁殖健康管理 …… 184
  第四节　繁殖障碍疾病防控的国际合作与资源共享 …… 188

第八章　结语 ………………………………………………… 194
  第一节　主要发现与贡献总结 …………………………… 194
  第二节　对奶牛养殖者的建议 …………………………… 196
  第三节　未来工作展望 …………………………………… 202
  第四节　行业发展与社会影响 …………………………… 208

参考文献 ……………………………………………………… 213

第一章 奶牛养殖现状及繁殖障碍概述

第一节 全球范围内奶牛养殖现状

一、养殖规模与分布

全球奶牛养殖业展现出了极为丰富的规模和多样化的地理分布特征。从养殖规模的角度审视,我们不难发现,一方面,存在着大型现代化养殖场这一显著特点,这些养殖场通常拥有数千头乃至上万头的存栏奶牛,它们配备了先进的养殖设施、自动化的管理系统以及科学的饲养技术,从而确保了奶牛的高产与高效。这些大型养殖场往往通过规模化、集约化的生产方式,实现了牛奶产量的大幅提升和成本的有效控制。另一方面,中小规模的家庭式养殖场在全球奶牛养殖业中也扮演着举足轻重的角色。这些养殖场虽然规模较小,但往往承载着深厚的文化底蕴和家族传承,它们与当地的自然环境和社会经济紧密相连,形成了独特的养殖模式和生态体系。家庭式养殖场在奶牛品种的选择、饲养方式的采用以及疾病防控等方面,往往更加注重传统经验和个性化管理,为奶牛提供了更为宽松和舒适的生长环境。在地理分布上,奶牛养殖几乎遍布了世界的每一个角落。然而,从全球范围来看,奶牛养殖主要集中在一些具有得天独厚自然条件、丰富饲料资源和成熟养殖技术的地区。

(一) 欧洲

欧洲,作为奶牛养殖的传统发达地区,一直以来都在全球奶牛养殖业中占据着举足轻重的地位。在这片土地上，荷兰、丹麦、德国等国家以其卓越的养殖技术、丰富的管理经验以及优良的奶牛品种，共同构筑了欧洲奶牛养殖的辉煌篇章。

荷兰，被誉为"欧洲的奶牛之国"，其奶牛养殖业在全球范围内享有盛誉。荷兰的奶牛牧场多采用大规模、集约化的经营模式，这些牧场不仅拥有广阔的草场和现代化的养殖设施，还配备了先进的自动化设备，实现了从饲养到挤奶的全程机械化操作。在科学的饲养管理方面，荷兰牧场注重奶牛的营养均衡和疾病预防，通过精准的饲料配比和定期的疫苗接种，确保了奶牛的健康和牛奶的高品质。同时，荷兰还十分注重奶牛的遗传改良，通过引进和培育高产、优质的奶牛品种，不断提升牛奶的产量和质量。

丹麦的奶牛养殖业同样令人瞩目。丹麦的奶牛牧场在养殖技术和管理经验方面同样达到了世界领先水平。丹麦牧场注重奶牛的健康和福利，为奶牛提供了宽敞、舒适的生长环境，并采用了先进的挤奶技术和疾病防控措施，确保了奶牛的健康和牛奶的卫生安全。此外，丹麦还建立了完善的奶牛养殖产业链，从饲料种植、奶牛养殖到乳制品加工和销售，每一个环节都紧密相连，形成了高效、协同的产业体系。

德国的奶牛养殖业同样不容小觑。德国牧场在养殖技术和管理方面同样具有显著优势。德国注重奶牛的营养与健康管理，通过科学的饲料配比和个性化的饲养方案，满足了奶牛不同生长阶段的需求。同时，德国还十分注重奶牛的遗传改良和品种选育，通过引进和培育高产、抗病性强的奶牛品种，不断提升了牛奶的产量和质量。在动物福利方面，德国养殖场也作出了积极努力，为奶牛提供了良好的生长环境和福利待遇。

欧洲奶牛养殖业以其先进的养殖技术、丰富的管理经验及优良的奶牛品种，共同构筑了全球奶牛养殖的典范。这些国家的奶牛牧场不仅注重科学的饲养管理、遗传改良和动物福利，还建立了完善的奶牛养殖产业链，为全球奶牛养殖业的可持续发展提供了宝贵的经验和借鉴。

(二) 北美洲

北美洲，特别是美国和加拿大，作为全球奶牛养殖业的重要一员，同样以其庞大的养殖规模、先进的养殖技术以及高度产业化的经营模式而著称。在这片广袤的土地上，奶牛养殖业不仅为两国带来了巨大的经济效益，更为全球乳制品市场提供了丰富的奶源和优质的乳制品。

美国，作为全球最大的经济体之一，其奶牛养殖业同样规模庞大。在美国，奶牛养殖场主要集中在加利福尼亚州、威斯康星州、纽约州等农业资源丰富的地区。这些地区的奶牛养殖场不仅数量众多，而且规模宏大，许多养殖场的存栏奶牛数量都达到了数千头甚至上万头。这些大规模的奶牛养殖场不仅拥有现代化的养殖设施，如自动挤奶系统、环境监测系统等，还配备了专业的技术人员和管理团队，确保奶牛的健康和牛奶的高品质。

美国的奶牛养殖模式融合了现代化技术和高度的产业化经营。从饲料种植到奶牛养殖，再到乳制品加工和销售，每一个环节都紧密相连，形成了一个完整、高效的产业链。在饲料种植方面，美国拥有广袤的耕地和先进的农业技术，为奶牛提供了充足、优质的饲料来源。在奶牛养殖方面，美国注重科学的饲养管理和遗传改良，通过精准的饲料配比、定期的疫苗接种以及个性化的饲养方案，确保了奶牛的健康和高产。美国在乳制品加工领域具备高度发达的技术与设施，能够制造出一系列品种丰富、质量优异的乳制品，以迎合消费者多元化的需求。

与美国相邻的加拿大，同样是全球奶牛养殖业的重要参与者。加拿大的奶牛养殖场虽然在规模上可能略逊于美国，但其养殖技术和产业化程度同样不容小觑。加拿大的奶牛养殖场同样注重科学的饲养管理和遗传改良，通过引进和培育高产、优质的奶牛品种，不断提升牛奶的产量和质量。同时，加拿大还建立了完善的乳制品质量监管体系，确保乳制品的安全和卫生。

(三) 亚洲

在亚洲这片古老而又充满活力的土地上，奶牛养殖业同样展现出了多样性和蓬勃发展的态势。其中，印度和中国作为亚洲两大奶牛养殖大国，各自拥有独特的养殖模式和鲜明的特点。

印度，这个拥有悠久历史和丰富文化的国家，其奶牛养殖业与当地的宗教、文化和农业生产方式紧密相连。在印度，奶牛被视为神圣的动物，被赋予了极高的地位。因此，印度的奶牛养殖多以农户散养为主，这些农户往往将奶牛视为家庭的一员，给予它们充分的关爱和照顾。尽管散养模式在规模上可能无法与大型养殖场相比，但印度农户凭借丰富的养殖经验和独特的饲养方法，依然能够生产出高品质的牛奶。近年来，现代化养殖观念日益被接受，促使印度的奶牛养殖业逐步迈向规模化和现代化。一些地区开始尝试建立奶牛合作社或小型养殖场，通过集中饲养、统一管理等方式，提高养殖效率和质量。

中国的奶牛养殖业也在经历着快速的发展。作为世界上人口最多的国家之一，中国对乳制品的需求日益增长，这直接推动了奶牛养殖业的快速发展。近年来，中国的奶牛养殖业在规模化、集约化方面取得了显著进展。在东北、华北、西北等区域，多个奶牛养殖集群逐渐发展起来，它们依托广袤的草场和充裕的饲料资源，并配备了先进的养殖设施与专业的管理团队。在奶牛品种方面，中国积极吸纳国外优质品种，如荷斯坦牛、娟姗牛等，通过遗传优化和选育措施，持续提高奶牛的生产效率与品质。

二、品种与生产性能

（一）主要奶牛品种

世界奶牛品种的多样性无疑为全球的乳制品行业构筑了一座极为丰富且优质的奶源宝库，同时也为消费者带来了琳琅满目、各具特色的产品选择。每一种奶牛品种，都蕴含着与众不同的遗传特性和卓越的生产性能。这些特性不仅深刻地影响着乳制品的产量，更在极大程度上塑造着乳制品的风味、质地及营养价值，使得每一滴牛奶、每一块奶酪都蕴含着独特的魅力。

从北欧的娟姗牛到澳大利亚的荷斯坦牛，从美国的泽西牛到中国的三河牛，这些奶牛品种以其独特的生理构造和遗传优势，在各自的土地上繁衍生息，为乳制品行业贡献着不可或缺的宝贵资源。娟姗牛以其高比例的乳脂和乳蛋白含量而著称，使得其产出的牛奶在制作奶酪和黄油时表现出色，风味浓郁；荷斯坦牛则以其高产奶量和均衡的营养成分受到广泛欢迎，成为许多大型乳制品企业的首选；泽西牛的牛奶则因其独特的甜味和丰富的乳脂含量，在冰淇淋和酸奶等甜品制作中独领风骚；而三河牛则以其适应性强、耐粗饲的特点，在中国北方地区发挥着重要的乳制品生产作用。

正是这样的多样性，使得全球消费者能够跨越地域限制，享受到来自世界各地、不同口感、质地和品质的乳制品。

1. 荷斯坦奶牛

荷斯坦奶牛是全球奶牛养殖业中的佼佼者，以其广泛分布和卓越产奶性能著称。它们体型庞大，毛色独特，黑白花片相间，既美观又具象征性。在产奶方面，荷斯坦奶牛表现出惊人能力，平均年产奶量轻松超 10 000 千克，部分高产个体甚至能突破 15 000 千克，为奶牛养殖业带来巨大经济效益。此外，其牛奶品质同样出色，乳脂率和乳蛋白率均能满足现代乳业加工要求，无论是制作乳制品还是直接饮用，都能提供优质原料保障。因此，荷斯坦奶牛在全球商业奶牛养殖领域占据主导地位，成为众多奶牛养殖场和乳制品企业的首选。

2. 娟姗牛

娟姗牛，体型小巧精致，毛色柔和，多为浅黄或深褐色，温婉迷人。虽产奶量不及荷斯坦奶牛，但乳脂率高达 5%~6%，远超其他品种，牛奶品质上乘，特别适合制作奶油、奶酪等高脂肪乳制品，深受消费者喜爱。此外，娟姗牛适应性强，耐粗饲，能在恶劣环境下生存繁衍，优于一些大型奶牛品种。这一特点使娟姗牛在岛屿或饲料资源有限地区得到广泛养殖，充分利用有限资源产出高品质牛奶，为当地经济和社会发展做出重要贡献。

3. 爱尔夏牛

爱尔夏牛源自英国苏格兰埃尔郡，经 18 世纪中叶杂交改良，于 1814 年培育成功。其角细长优雅，蜡色带黑尖，体型中等匀称，被毛红白相间，鼻镜、眼圈浅红，尾帚纯白，外貌独特迷人。乳房结构发达，乳头中等，乳静脉明显，产奶性能卓越，年平均产奶量达5 448千克，乳脂率3.9%，部分高产牛群产奶量可达7 718千克，乳脂含量4.12%。

爱尔夏牛不仅乳用性能出色，还具备早熟、耐粗放饲养及强适应性等特质，能在各种环境下生存繁衍，生命力旺盛。因此，爱尔夏牛深受英国及全球超过30个国家和地区青睐，成为奶牛养殖业重要品种。其独特外观、优良乳用性能和强大适应性，在全球奶牛养殖业中占据不可替代地位。

4. 更赛牛

更赛牛头部小巧，角大弯曲，颈部修长，体躯宽深，乳房发达，展现出力量与优雅。被毛淡黄或金色，腹部、四肢及尾部白色，额部有白色星斑，鼻镜深黄或肤色，外貌独特迷人。成年公牛体重750千克，母牛500千克，身高128厘米，犊牛体重27~35千克，体质强健。

更赛牛产奶能力突出，年平均产奶量6 659千克，乳脂率4.49%，乳蛋白率3.48%，奶中富含胡萝卜素，营养价值高。同时，单位奶量饲料转化效率高，产犊间隔短，繁殖能力强，初次产犊年龄早，为养殖业贡献大。

5. 三河牛

三河牛是中国首个乳肉兼用品种，栖息于内蒙古呼伦贝尔三河区域，总数近八万头。其经过多品种杂交选育而成，体型高大，四肢强健，乳房发达，毛色以红（黄）白花为主。成年公牛身高156.8厘米，体重1 050千克；母牛分别为131.8厘米和547.9千克。

三河牛耐高寒、耐粗饲、适应性和抗病力强，年产奶天数300天以上，日产奶量约25千克，乳脂率4.1%以上。同时，其肉质良好，屠宰率50%~55%，净肉率44%~48%。三河牛的成功培育，展现了中国在奶牛品种选育方面的成就。

（二）生产性能评估指标

奶牛生产性能评估涉及多个方面，其中产奶量、乳成分、繁殖性能和饲料转化率是核心指标。

产奶量直接关联经济效益和乳制品市场竞争力，但乳成分同样关键，包括乳脂比例、乳蛋白和乳糖含量，它们决定乳制品质量和种类。繁殖性能也不可忽视，良好繁殖性能确保奶牛高效繁殖后代，维持稳定生产群体，保障牛奶持续供应，影响养殖场长期运营和经济效益。

饲料转化率是衡量奶牛利用饲料效率的重要指标，因饲料费用占总成本较大份额，提高饲料利用效率对降低养殖成本、增强经济效益至关重要。

奶牛生产性能评估需综合考虑这四大指标，以全面衡量奶牛生产性能和经济效益。

三、养殖模式与技术应用

（一）养殖模式

现代奶牛养殖模式追求高效、环保与可持续发展，舍饲和放牧为两大基本方式。

舍饲通过精确控制奶牛生活环境和精细化管理饲料供应，减少外界不利影响，实现科学配比和精准投喂，确保奶牛全面均衡营养，促进高产稳产。同时，便于采用先进生产技术和管理措施，提升养殖效率和牛奶品质。

放牧则注重奶牛自然生长习性和生态保护，奶牛自由采食青草，降低成本，提升牛奶风味和营养价值。但放牧受季节性和气候变化影响，极端天气可能限制放牧，影响生产性能。

因此，现代奶牛养殖不断探索创新，形成多种灵活多样的混合模式，以适应不同地区自然条件，满足市场需求和养殖效益，实现高效、环保与可持续发展的目标。

（二）技术应用

科技进步推动了奶牛养殖业的现代化和智能化。精准营养配方技术根据奶牛品种、生理阶段及生产性能，制订个性化饲料方案，提升饲料利用效率，降低成本。

人工授精技术普及，提高奶牛遗传品质，加快优良品种扩繁。胚胎移植技术在大型养殖场成功应用。

信息技术发展带来革命性变化，电子耳标、传感器等智能设备实时监测奶牛信息，包括个体信息、健康状况及行为活动，数据实时传输至云端分析管理。通过大数据分析和人工智能技术，实现奶牛养殖过程的精准调控和优化。

这些先进技术的应用，极大地提升了养殖效率、牛奶品质及资源利用效率，推动了奶牛养殖业的现代化进程，实现了智能化管理，促进了奶牛养殖业的可持续发展。

第二节　繁殖障碍对奶牛养殖经济效益的影响

一、繁殖障碍导致的繁殖效率降低

（一）发情异常与配种困难

繁殖障碍在奶牛养殖业中是一个不容忽视的问题，它常常通过奶牛发情异常这一显著特征表现出来。发情周期紊乱、发情表现不明显或是出现假发情等情况，都是奶牛繁殖障碍的典型症状。这些异常的发情表现，无疑给养殖者带来了极大的困扰和挑战，使得他们难以准确捕捉和判断奶牛的最佳配种时机。

在正常情况下，一头健康且发情规律的奶牛，往往在一次精准的配种后就能成功受孕，从而顺利完成繁殖周期。然而，当奶牛出现发情异常时，情况就截然不同了。养殖者可能需要多次尝试配种，才能找到那个相对适宜的时机，这无疑大大增加了精液的使用量，同时也提高了配种的人工成本。

（二）受孕率下降与产犊间隔延长

繁殖障碍导致奶牛受孕率显著下降，对奶牛养殖业影响深远。最直接的影响是每头奶牛单位时间产犊数减少，进而影响牛奶产量。奶牛泌乳高峰期在产犊后，受孕率下降导致泌乳高峰期奶牛比例降低，整体牛奶产量下滑。同时，受孕率低还会延长产犊间隔，正常情况下为 12~13 个月，但受孕率下降可能导致间隔延长至 15 个月甚至更长，减少奶牛生产周期内产犊数量，进一步影响牛奶总产量。因此，解决繁殖障碍问题对奶牛养殖业至关重要。

二、繁殖障碍引发的健康问题与养殖成本增加

（一）生殖系统疾病与全身性疾病

繁殖障碍不仅是奶牛受孕率下降的直接原因，它还常常与一系列生殖系统疾病紧密相关，如子宫内膜炎、卵巢囊肿等。这些疾病不仅严重阻碍了奶牛的繁殖功能，更可能对其整体健康状况产生深远的负面影响。

当奶牛患上子宫内膜炎时，子宫内环境受到破坏，炎症细胞浸润，导致子宫内膜无法正常地为胚胎提供营养和生长环境，从而降低了奶牛的受孕能力。更为严重的是，如果子宫内膜炎得不到及时有效的治疗，炎症可能会进一步蔓延，累及输卵管、卵巢等其他生殖器官，甚至引发全身性感染。这种全身性感染不仅会导致奶牛体质下降、免疫力降低，还会增加其罹患其他疾病的风险，如乳房炎、蹄病等。

（二）淘汰率上升与犊牛质量下降

严重的繁殖障碍对奶牛养殖业而言，无疑是一场沉重的打击。它不仅可能导致奶牛因无法正常繁殖而被迫淘汰，更可能带来一系列连锁反应，严重影响养殖经济效益。

当一头成年奶牛遭受严重的繁殖障碍时，其繁殖能力将大幅下降，甚至完全丧失。这意味着养殖者无法通过这头奶牛后续的产奶和产犊来收回前期的饲养成本，从而造成直接的经济损失。因为奶牛从幼崽到成年，需要经历长时间的饲养和培育，投入了大量的饲料、水资源以及人力成本。如果奶牛在成年后因繁殖障碍被淘汰，那么这些前期的投入都将化为乌有，给养殖者带来沉重的经济负担。

三、繁殖障碍对牛奶产量和质量的影响

（一）牛奶产量减少

繁殖障碍深刻影响奶牛养殖业，特别是对奶牛产奶周期造成显著干扰。受孕困难导致奶牛无法按时进入泌乳高峰期，打乱产奶周期，大幅降低牛奶产量。同时，繁殖障碍还可能延长产犊间隔，即从一次产犊到下一次产犊的时间，正常情况下为 12~13 个月。但受繁殖障碍影响，奶牛可能需要更长时间才能再次受孕，减少泌乳期产奶量，增加空怀期，进一步降低整体牛奶产量。因此，繁殖障碍对奶牛养殖业的影响不容忽视，需采取有效措施加以解决。

（二）牛奶质量变化

乳房炎，它通常由细菌感染引起，可导致奶牛乳房发炎、肿胀、疼痛等症状。奶牛患乳房炎时，牛奶中的体细胞数量，尤其是白细胞数量会大幅上升。体细胞数的增加不仅会影响牛奶的口感和风味，还可能降低牛奶的保质期。此外，乳房炎还可能影响牛奶中的乳蛋白率和乳脂率等指标，使牛奶的品质发生变化。乳蛋白是牛奶中的重要营养成分，对牛奶的加工性能和营养价值具有重要影响。而乳脂率则决定了牛奶的稠度和口感，以及其在乳制品加工中的应用价值。

第三节 目的与意义

一、目的

（一）系统阐述奶牛繁殖知识

本书旨在全面且系统地阐述奶牛繁殖领域相关知识，其内容涵盖了奶牛生殖生理的深入解析、先进繁殖技术的详细介绍，以及常见繁殖障碍性疾病的精准诊断和治疗策略等多个方面。

在生殖生理部分，本书详细阐述了奶牛生殖系统的解剖结构、生殖细胞的生成与发育、发情周期与排卵机制、受精与妊娠过程等核心

知识点。

同时，针对奶牛繁殖过程中可能遇到的各种障碍性疾病，本书详细地进行了分类和阐述。从常见的发情异常、不孕症，到复杂的子宫内膜炎、卵巢囊肿等疾病，详细地进行病因分析、临床表现、诊断方法及治疗策略。

（二）深入分析繁殖障碍问题

本书将重点针对奶牛繁殖障碍这一严重影响奶牛养殖业经济效益和可持续发展的关键问题进行深入探讨与分析。奶牛繁殖障碍不仅会导致奶牛受孕率下降、妊娠失败率上升，还会增加养殖成本，降低整体生产性能，因此，对其进行深入研究并采取相应的防治措施显得尤为重要。

首先，针对发情异常这一常见繁殖障碍，分析其原因可能包括营养不足、生殖器官发育异常、内分泌系统紊乱等。病理机制上，这些因素会导致奶牛发情周期不规律、发情表现不明显或完全不发情，从而影响配种成功率。临床症状上，奶牛可能出现阴道分泌物异常、行为改变等。诊断时，需结合直肠检查、激素测定等手段进行综合判断。

其次，对于不孕症这一复杂繁殖障碍，从多个角度进行剖析。不孕症可能由多种因素引起，每种疾病的病理机制各不相同，但都可能导致奶牛无法正常受孕。临床症状上，不孕症奶牛可能表现出发情异常、阴道分泌物异常、妊娠检查阴性等。诊断时，需进行详细的生殖器官检查、激素测定、影像学检查等。治疗措施则应根据具体病因制定，包括药物治疗、手术治疗、辅助生殖技术等。

（三）提供实用的养殖与繁殖建议

本书旨在帮助养殖者优化饲养环境、合理搭配饲料、科学安排配种计划，从而提高奶牛的繁殖效率和健康水平，推动奶牛养殖业的可持续发展。

在优化饲养环境方面，强调了保持牛舍清洁、干燥、通风的重要性。建议养殖者定期清理牛舍，减少病原体滋生；合理设置通风设备，保持空气流通，降低牛舍内湿度和有害气体浓度；同时，还要注意控制牛舍温度，为奶牛提供一个舒适的生活环境以提高奶牛的舒适度和健康水平。

在饲料搭配方面，指出了合理的饲料搭配是满足奶牛营养需求、提高繁殖性能的关键。同时，要注重饲料的品质和安全性，选择优质、无污染的饲料原料，避免使用过期、霉变的饲料。此外，还介绍了如何通过添加预混料、矿物质、维生素等营养素，进一步提高奶牛的繁殖性能和健康水平。

在科学安排配种计划方面，强调了发情监测和适时配种的重要性。建议养殖者采用直肠检查、观察发情表现等方法，准确判断奶牛的发情时间和排卵情况。同时，要根据奶牛的繁殖记录和遗传特点，科学制订配种计划，选择合适的公牛进行交配，以提高受孕率和后代品质。

二、意义

（一）提高养殖效益

本书为奶牛养殖者提供深入实用的繁殖障碍处理策略，助力提升奶牛养殖业经济效益。通过优化发情监测、适时配种、公牛选择等步骤，提高奶牛受孕率。强调健康繁殖状态对高产奶量的基础作用，提出优化饲养环境、饲料搭配和配种计划等措施。同时，重视减少繁殖失败导致的奶牛淘汰和资源浪费，倡导科学精细的繁殖管理，降低繁殖失败率，节省购买新奶牛的成本。

（二）保障奶牛健康与福利

本书强调及时准确诊断和治疗繁殖障碍性疾病对保障奶牛生殖健康至关重要，能减少受孕率下降、产犊间隔延长等问题，避免并发症，助奶牛恢复繁殖机能。同时，科学合理的养殖和繁殖管理措施，如改善饲养条件、均衡饲料配比、科学配种规划，提升奶牛繁殖效率与生产性能，创造更舒适健康环境。这些措施不仅保障奶牛生殖健康和生活质量，还符合动物福利要求，促进奶牛养殖业可持续发展。

（三）推动行业发展

本书系统介绍繁殖障碍识别、诊断、治疗及养殖管理实践，培养专业人才，提升养殖和繁殖技术水平。专业人才能准确处理繁殖障碍，提高奶牛受孕率和生产性能，制定科学饲养管理和繁殖计划。同时，促进科研成果应用，提供新技术和方法，提高繁殖效率和健康水平，降低成本，提高经济效益，推动奶牛养殖业可持续发展，优化饲养管理，提高饲料利用率，减少疾病和环境影响，实现经济生态效益双赢。

第二章 奶牛繁殖生理基础

第一节 奶牛生殖器官与生理功能

一、雄性奶牛生殖器官与生理功能

雄性奶牛的生殖构造主要构成：睾丸，输精管道，其中包括了附睾、输精管和尿生殖道；副性腺，其中包括了精囊腺、前列腺和尿道球腺；交配器官则包括阴茎、包皮、阴囊。

（一）睾丸

在雄性奶牛的生殖系统中，睾丸这一器官无疑占据着最为关键且独一无二的地位。它不仅是精子生成的庞大而精密的"工厂"，源源不断地制造出承载着遗传信息的精子，确保着物种的繁衍与延续，更是雄性特征得以维持与彰显的源泉所在。

1. 解剖结构

雄性奶牛的睾丸，作为雄性生殖系统的重要组成部分，通常稳妥地位于其阴囊的内部，左右两侧各有一个，呈现出卵圆形，大小适中，既不过于庞大也不显得娇小，完美地适应了雄性奶牛的身体结构与生殖需求。这两个睾丸的表面覆盖着一层坚韧而富有弹性的白膜，这层白膜不仅为睾丸提供了必要的保护与支撑，还向内延伸，以一种复杂而精细的方式将睾丸分隔成了许多独立的小叶结构。每一个小叶都是一个微小而高效的生殖单元，它们内部都包含着至关重要的曲细精管和间质细胞。曲细精管——精子发生的神圣殿堂，是精子从原始生殖细胞一步步发育成熟的主要场所,无数的微小精子在这里诞生、成长,最终准备着为物种的繁衍贡献自己的力量。而间质细胞,则扮演着另一个不可或缺的角色,它们负责分泌雄性激素,特别是睾酮这一关键的激素,这些激素如同生命的催化剂,对于维持雄性奶牛的生殖功能、促进第二性征的发育与展现,以及维持其整体健康状况与活力,都发挥着举足轻重的作用。因此,可以说雄性奶牛的睾丸不仅是简单的生殖器官,更是其生命力与繁殖能力的源泉。

2. 机能

(1) 精子生成与发育

在雄性奶牛的曲精细管内,精子经历了一个既复杂又精细的生成与发育过程,这一过程宛如一场生命奇迹的演绎。起始于精原细胞,这些细胞作为精子生成的起点,蕴含着无限的生殖潜力。随后,精原细胞会经历一系列精心调控的有丝分裂和减数分裂,这是一个既细致入微又错综复杂的细胞复制与特化过程。在这一系列步骤中,细胞会经历多次分裂,染色体数目减半,最终发育成为形态结构完整、功能健全的成熟精子,这些精子具备了受精能力,能够与雌性生殖细胞结合,开启新生命的篇章。

然而,这一系列的生物学事件并非独立发生,而是需要良好的营养供应和适宜的微环境作为支撑。睾丸,作为这一过程的摇篮,通过其复杂的结构与功能,为精子的生成与发育提供了不可或缺的条件。特别是间质细胞,这些位于睾丸小叶内的特殊细胞,通过分泌睾酮等雄性激素,不仅直接促进了精子的生成,提高了精子的数量与质量,还间接地确保了生殖管道的畅通无阻。睾酮等激素能够调节生殖管道的肌肉收缩与舒张,为精子的顺利排出扫清了障碍,创造了有利条件。因此,可以说睾丸及其内部复杂的生理机制,共同构成了一个高效而精细的精子生成与发育系统,为雄性奶牛的生殖健康与繁衍能力奠定了坚实的基础。

(2) 雄性特征的维持

除了精子生成的核心功能外,雄性奶牛的睾丸还肩负着维持其雄性特征的重要使命,这一角色同样至关重要且深远。睾酮等雄性激素，作为睾丸间质细胞分泌的关键产物，不仅在精子生成过程中发挥着不可或缺的作用，更广泛地影响着雄性奶牛的生长发育、生理机能以及行为表现。睾酮等雄性激素如同生命的塑造师，有力地促进了雄性奶牛骨骼的强壮、肌肉的发达以及生殖器官的成熟与完善。这些生理变化共同塑造了雄性奶牛特有的体型与体态，使它们更加健壮有力，适应了自然界中的生存竞争与繁衍需求。

更为深远的是，睾酮等激素还深刻地影响了雄性奶牛的性格与行为特征。它们激发了雄性奶牛更强的领地意识，使它们更加积极地守护自己的领地与族群，展现了强烈的保护欲与责任感。同时，睾酮的分泌也增强了雄性奶牛的攻击性，使它们在面对挑战与威胁时能够展现出更为果敢与勇猛的一面，这对于维护族群秩序与保护领地安全具有重要意义。此外，睾酮还显著提升了雄性奶牛的繁殖欲望，激发了它们对雌性的强烈吸引与追求，促进了种群的繁衍与壮大。

（二）附睾

雄性奶牛的附睾是一个位于睾丸后外侧的重要生殖器官，它与睾丸紧密相连，共同构成了雄性奶牛生殖系统的关键部分。附睾的主要功能是储存、成熟和运输精子。在精子生成并离开睾丸后，它们会进入附睾进行进一步的成熟与储存。附睾内部有着复杂的管道结构，这些管道为精子提供了一个适宜的环境，使它们能够在其中继续发育，直至达到完全成熟的状态。这一过程中，附睾会分泌一种特殊的液体，这种液体不仅为精子提供了必要的营养与保护，还能够帮助精子在雌性生殖道内更好地存活与运动。总的来说，雄性奶牛的附睾是一个至关重要的生殖器官，它不仅关系到精子的成熟与储存，还直接影响到雄性奶牛的繁殖能力与生殖健康。

1. 解剖结构

附睾，这一雄性奶牛生殖系统中至关重要的结构，紧密地依附于睾丸的后缘，形态上呈现出一种优雅而规则的长条形。其内部构造更是错综复杂，充满了曲折蜿蜒的管道系统。这些管道不仅承担着精子储存与运输的重任，更为精子提供了一个独特的微环境，促进其进一步发育与成熟。在雄性奶牛的体内，附睾与睾丸之间的连接异常紧密，它们之间通过一层坚韧而富有弹性的结缔组织紧密相连，共同构成了一个既独立又协同的生殖器官系统。同时，附睾还通过一条粗壮而灵活的输精管与外界相通，这条管道如同一条生命之桥，连接着附睾与雄性奶牛的生殖道，确保精子能够顺利地完成它们的使命。

附睾内部结构复杂而有序，主要可以分为头、体、尾三个部分。

附睾头，作为附睾的起始部分，其形态较为膨大，内部由多条从睾丸网伸出的输出管构成。这些输出管在附睾头内巧妙地汇合，形成了一条粗壮而长的附睾管，为精子的储存与运输提供了广阔的空间。

附睾体，作为附睾的中间部分，其管道结构相对狭窄而曲折，但正是这样的设计，为精子提供了一个独特的微环境。在这个环境中，精子能够继续发育成熟，逐渐变得更加健壮、活跃。

附睾尾，作为附睾的末端部分，其形态逐渐增粗，并最终延续为输精管。这一部分的管道结构相对较为简单，但同样承担着精子运输的重任。附睾尾紧贴于睾丸的下端，为精子离开附睾前的最后一段旅程提供了坚实的支撑。

2. 机能

（1）精子成熟

附睾内的管道系统构成了一个复杂而精细的微环境，这个环境对于精子的进一步发育与成熟至关重要。在这个独特的空间里，充满了各种精心调配的营养物质和生物活性物质，它们如同生命的催化剂，不断地滋养着精子，促其从青涩走向成熟。这些营养物质和生物活性物质种类繁多，功能各异。有的能够为精子提供必要的能量支持，确保其在进行各种生命活动时拥有充足的能量储备；有的则能够调节精子的代谢过程，使其能够更高效地利用营养物质，促进自身的生长发育；还有的则能够增强精子的各项功能，如运动能力、穿透能力和存活能力等，使精子在受精过程中更具竞争力。在附睾的精心呵护下，精子会逐渐获得这些受精所需的各项能力。它们的运动能力会得到显著提升，能够更加灵活地在雌性生殖道内穿梭；穿透能力也会得到增强，能够轻易地穿透卵细胞外围的透明层，成功实现受精。同时，精子的存活能力也会延长，能够在雌性生殖道内保持较长时间的活性，增加受精的成功率。

（2）精子储存

附睾不仅是精子成长至成熟的关键场所，也扮演着精子高效储存的重要角色。在雄性奶牛体内，附睾利用其复杂的管道系统，精心地储存着大量的成熟精子，这些精子在附睾的微环境中保持着高度的活性与受精潜力。在交配或进行人工授精的关键时刻，附睾会迅速响应，通过其灵活的管道结构与肌肉收缩机制，将储存的成熟精子迅速而准确地释放到输精管中，进而输送到雌性奶牛的生殖道内，确保在繁殖过程中能够提供充足且高质量的精子，从而满足繁殖需求，保障后代的繁衍与种群的延续。这一过程不仅体现了附睾作为生殖器官的重要功能，也彰显了雄性奶牛生殖系统的精妙与高效。

（3）精子运输

在交配这一生殖行为的关键时刻，附睾展现出了其作为精子储存与释放中心的核心作用。随着交配行为的启动，附睾会经历一系列精细而协调的生理变化，其中最为显著的是其收缩与释放功能。在接收到交配信号后，附睾的肌肉组织会迅速响应，产生有力的收缩动作。这种收缩不仅有助于将储存在附睾管道内的成熟精子进行有序的排列与集中，还能够为它们的释放提供必要的动力。

随着附睾的收缩，那些经过长时间发育与成熟，已经具备受精能力的精子会被推送到输精管的开口处。此时，附睾的释放功能被激活，它以一种精确而高效的方式，将精子释放到输精管中。这些精子在输精管的引导下，如同一支训练有素的军队，迅速而有序地前进，最终穿越雌性奶牛的生殖道，完成受精过程，为生命的延续贡献出自己的力量。

（三）输精管

1. 解剖结构

输精管是一对细长而蜿蜒曲折的管道，它们起源于睾丸的后上方，确切地说，是紧邻睾丸的附睾的尾部。附睾，这个与睾丸紧密相连的生殖器官，扮演着储存和进一步促进精子成熟的关键角色。在附睾内部，精子经历了从初步形成到具备受精能力的全过程，它们在这里得到了充分的滋养与呵护。从附睾的尾部出发，输精管开始了它们漫长的旅程。它们沿着腹股沟管的内侧壁，以一种优雅而坚定的姿态向下延伸。腹股沟管是一个位于腹壁深层的结构，它为输精管提供了一个安全的通道，使其能够避开腹腔内的其他器官和组织，顺利抵达盆腔。在穿过腹股沟环后，输精管进入了盆腔，这里是一个充满生殖器官和血管的区域。在此处，输精管继续延伸，并最终与精囊腺的排放管道合并，共同构成了一条强健的射精管。这条管道的主要功能是将来自输精管和精囊腺的精子及分泌物高效地转运至尿道的前列腺区域，为射精过程做好准备。

2. 机能

输精管在雄性奶牛的生殖系统中扮演着至关重要的角色，其主要功能是作为精子从附睾到尿道高效、安全的运输通道。这一通道不仅是精子从一处到另一处的简单物理路径，更是精子完成其生殖使命的关键一环。在精子从附睾中成熟并储存后，它们等待着被输送到雌性体内以完成受精过程。此时，输精管便发挥了其不可替代的作用。它像是一条精心设计的输送线，将精子从附睾的尾部一路引导至尿道的前列腺部，为精子的最终释放做好了充分的准备。

然而，输精管的功能并不仅限于此。在射精这一关键时刻，输精管壁上的肌肉会经历一系列精细而协调的收缩。这些收缩动作如同有力的泵动，将精子从输精管的各个部分依次向前推进，确保它们能够以一种快速而有力的方式被输送到尿道中。这种推送机制不仅提高了精子的输送效率，还确保了精子在释放时具有足够的速度和力量，从而能够顺利地穿透雌性的生殖道，完成受精过程。

（四）副性腺

雄性奶牛的生殖系统中，副性腺无疑占据着举足轻重的地位，它们不仅是生殖健康与繁殖能力的基石，更是精液生成与精子活力维护的关键所在。这些精密的腺体结构不仅精细地调控着精液的构成，还通过分泌一系列特定成分的液体，为精子在复杂生殖环境中的生存与高效运动提供了不可或缺的环境支撑与营养补给。具体来说，雄性奶牛的副性腺体系主要由三大核心腺体构成：精囊、前列腺及尿道球腺。它们各司其职，共同协作，确保精液的质量与功能达到最优状态。精囊，作为精液的主要"酿造者"，其内部充满了富含果糖、柠檬酸盐等营养物质的液体，这些成分对于精子的能量供应与活力激发至关重要，它们不仅为精子提供了充足的能量来源，还通过调节精液的渗透压与酸碱平衡，为精子营造了一个理想的生存环境。

1. 精囊

精囊，这一对形状宛如梨子的腺体，镶嵌在雄性奶牛体内膀胱颈的背侧区域，为繁衍后代贡献着不可或缺的力量。它们不仅占据着重要的解剖位置，更通过其独特的分泌功能，成为精液生成与精子活力维护的关键一环。精囊所分泌的液体，是一种呈现灰白色的、质地均匀且富含营养的液体，它构成了精液的主要组成部分，对于精液的整体质量与功能具有决定性的影响。这种液体中蕴含着丰富的果糖与柠檬酸盐，这两种成分在精子生存与活力激发方面扮演着至关重要的角色。果糖作为精子的主要能量来源，为精子提供了源源不断的动力，使它们能够在复杂的生殖环境中保持持久的活力与运动能力。而柠檬酸盐则通过调节精液的酸碱平衡，为精子营造了一个既安全又适宜的生存环境，确保了精子在精液中的顺利移动与高效寻找受精目标。

此外，精囊液中还含有其他多种生物活性物质，如维生素、矿物质以及抗氧化剂等，这些成分共同作用于精子，不仅提升了精子的抗氧化能力，减少了外界不良因素对精子的损害，还通过调节精液的黏稠度与渗透压，进一步增强了精子的凝聚力与运动效率。

2. 前列腺

前列腺是位于雄性奶牛尿生殖道起始部位背侧的一个重要腺体，其重要性不容忽视。它拥有众多微小而精密的开口，这些开口巧妙地嵌入尿生殖道的内壁，确保前列腺所分泌的液体能够顺畅地融入精液之中。前列腺分泌的液体，是一种呈乳白色的、富含多种生物活性成分的宝贵物质。这些成分中，酶类占据了举足轻重的地位。它们不仅具有分解蛋白质、促进精子成熟与活力的作用，还能在一定程度上调节精液的黏稠度，使其更加适合精子的运输与释放。此外，液体中还含有丰富的无机盐，这些无机盐对于维持精液的渗透压和酸碱度平衡至关重要。在精液的形成过程中，前列腺分泌的液体起到了稀释精子的作用。这一稀释过程不仅使精子在精液中的分布更加均匀，还降低了精液的黏稠度，从而提高了精子在雌性生殖道中的移动速度和穿透力。与此同时，前列腺液体所提供的适宜酸碱度和渗透压环境，为精子创造了一个理想的生存条件。在这样的环境中，精子能够保持其最佳的生理状态，确保在受精过程中发挥出最大的潜能。

3. 尿道球腺

尿道球腺，作为雄性奶牛生殖系统中的一对重要腺体，它们巧妙地坐落于尿生殖道骨盆部的末端，位置紧邻尿生殖道的背侧，其开口精准地对着尿生殖道的内壁。这一独特的解剖位置使得尿道球腺能够直接将其分泌的液体注入尿生殖道中，从而发挥出一系列关键的生理功能。尿道球腺分泌的液体，是一种具有多重作用的宝贵物质。

① 尿道球腺液体起到了润滑尿道的重要作用。在射精过程中，随着精液的排出，尿道球腺液体能够均匀地涂抹在尿道的内壁，形成一层光滑的保护膜。这层保护膜不仅减少了精液在排出过程中的阻力，还避免了尿道因摩擦而产生的损伤，确保了射精过程的顺畅与安全。

② 尿道球腺液体还帮助精液顺利排出。在射精时，随着尿道球腺液体的分泌与注入，尿生殖道内的压力逐渐升高，为精液的排出提供了强大的动力。同时，尿道球腺液体还能够与精液混合，形成一种更加流畅、易于排出的混合物，从而进一步提高了射精的效率与成功率。

（五）交配器官

雄性奶牛的阴茎，承担着将精液精准输送到母牛体内以实现受精的重任。阴茎的结构设计得相当精妙且复杂，包含了多个关键组成部分，每个部分都发挥着不可替代的作用。尿道海绵体是其中之一，它位于阴茎的内部，其内部有一条细长的尿道贯穿而过。这条尿道不仅承担着排泄尿液的日常生理功能，更在射精时成为精液输送的主要通道。通过尿道的精确引导，精液能够准确无误地进入母牛的生殖道，为受精过程奠定了坚实的基础。阴茎海绵体则是阴茎结构中另一个至关重要的部分。它负责阴茎的勃起功能，这一功能在交配或采精时显得尤为重要。当公牛处于兴奋状态时，阴茎海绵体会迅速充血并膨胀，使得阴茎能够充分勃起并变得坚硬有力。这种勃起状态不仅确保了阴茎能够顺利地插入母牛的生殖道，还为射精动作提供了必要的支撑与稳定性。此外，阴茎的龟头部分也是不容忽视的。它位于阴茎的末端，是精液排出的直接出口。龟头的形状与质地都经过了精细的演化，以确保在射精时能够最大限度地减少阻力，使精液能够顺畅地喷出并覆盖母牛的生殖道。

（六）阴囊

在雄性奶牛的生殖系统中，阴囊是一个至关重要的组成部分。它不仅为生殖器官提供了必要的保护和支撑，还通过其独特的结构和功能，对雄性奶牛的生殖健康产生了深远的影响。

1. 解剖结构

阴囊，这一位于雄性奶牛下腹区域两侧、形态扁平且略显囊袋状的结构，是雄性生殖系统的重要组成部分。其构成相当复杂且精细，主要由三层主要组织构成：外层是坚韧而富有弹性的皮肤，它不仅能够抵御外界环境的轻微摩擦和撞击，还能随着内部器官的变化而展现出一定的伸缩性；中间层则是由一系列强健的肌肉纤维组成，这些肌肉纤维交织成网，为阴囊提供了稳固的支撑和必要的运动能力；最内层则是致密的结缔组织，它如同一张坚韧的网，将阴囊内的各个部分紧密相连，确保整体结构的稳定性和完整性。阴囊的内部空间宽敞而安全，是睾丸、附睾等关键生殖器官的避风港。阴囊的这一独特设计，不仅为内部的生殖器官提供了一个安全、稳定的生长环境，还通过其灵活的皮肤和肌肉结构，能够适应睾丸和附睾在不同生理阶段的变化需求。随着公牛的成长和发育，阴囊能够相应地扩展或收缩，确保内部的生殖器官始终得到妥善的安置和保护。

2. 机能

（1）保护作用

阴囊，这一雄性奶牛体内至关重要的结构，其主要功能之一便是为睾丸和附睾等生殖器官提供一个安全、稳固的保护环境，使其免受外界环境的各种潜在伤害。这一保护作用的实现,很大程度上得益于阴囊独特的解剖位置——它巧妙地位于下腹部的两侧,远离了躯干的主要活动区域,如四肢的运动轨迹和躯干的核心区域。由于这种远离活动中心的布局,阴囊能够显著降低因日常活动、奔跑、跳跃或与其他物体碰撞而导致生殖器官损伤的风险。在公牛进行各种活动时,即使躯干和四肢频繁移动或受到外力作用,阴囊也能够凭借其相对独立且受保护的位置,有效地缓冲和分散这些冲击力,从而确保内部的睾丸和附睾等生殖器官不受损害。此外,阴囊的皮肤和肌肉结构也为其提供了额外的保护屏障。皮肤层坚韧而富有弹性,能够抵御一定程度的摩擦和撞击;而肌肉层则通过其强健的纤维网络,为阴囊提供了必要的支撑性和稳定性,进一步增强其对外部冲击的抵抗能力。

(2) 温度调节

除了作为睾丸和附睾等生殖器官的保护屏障外,还承担着另一项至关重要的功能——调节生殖器官内部的温度。与体腔内相对恒定的温度相比,阴囊内的温度被巧妙地维持在一个略低的水平,这一特性对于精子的生成和发育至关重要。精子,作为雄性奶牛生殖细胞的核心,其生成和成熟过程对温度极为敏感。过高的温度可能会导致精子发育异常,甚至引发精子死亡。阴囊的设计正是为了应对这一挑战,它通过一系列复杂的生理机制,确保阴囊内的温度始终保持在精子生长和发育所需的理想范围内。阴囊的皮肤,这一看似简单的外层组织,实则蕴含着丰富的血管和神经末梢,能够敏锐地感知外界环境温度的变化。当外界温度升高时,阴囊的皮肤会相应地松弛,增加皮肤与空气的接触面积,通过热传导和对流的方式将阴囊内的热量散发出去,从而降低阴囊内的温度。相反,当外界温度降低时,阴囊的皮肤则会收缩,减少热量的散失,保持阴囊内的温度稳定。这种温度调节机制不仅维持精子在生成和发育过程中能够获得一个适宜的生存环境,还能提高精子的质量和活力,为公牛的生育能力提供了有力的保障。

(3) 支撑与固定

阴囊内部的结缔组织,如同一张精密编织的网,将睾丸、附睾等生殖器官紧密地包裹在其中。这些结缔组织不仅具有极高的强度和韧性，还具备了一定的弹性，能够随着生殖器官的生长和发育而相应地调整其形态和张力。这种特性确保了生殖器官在阴囊内部始终保持在一个稳定且适宜的位置，避免了因运动、体位变化或外力冲击而导致的移位或扭曲。同时，阴囊内部的肌肉结构也发挥了至关重要的作用。这些肌肉纤维交织成网，与结缔组织相互配合，形成一个强大的支撑系统。当公牛进行奔跑、跳跃或进行其他剧烈活动时，这些肌肉能够迅速响应，通过收缩和舒张来调节阴囊的形态和位置，确保生殖器官在动态环境中始终保持稳定。这种支撑和固定作用不仅有助于保持生殖器官的正常位置和形态，还能够有效地预防因运动或体位变化而导致的生殖器官损伤。例如，当公牛进行剧烈运动时，阴囊内部的肌肉和结缔组织能够紧密地包裹住生殖器官，减少因碰撞或挤压而导致的伤害风险。此外，这种支撑和固定作用还有助于维持生殖器官内部的血液循环和神经功能，确保精子生成和发育所需的营养和氧气供应充足。

二、雌性奶牛生殖器官与生理功能

雌性奶牛的生殖系统主要包含以下部分：卵巢作为生殖细胞产生的源头；以及生殖管道系统，该系统涵盖了卵巢、输卵管、子宫以及阴道。

（一）卵巢

1. 解剖结构

卵巢，作为雌性动物体内至关重要的生殖器官之一，呈现出一对扁椭圆形的形态，分别位于机体的左侧和右侧，它们各自牢牢地附着在卵巢系膜这一组织结构之上。通过输卵管这一精细的管道结构，卵巢与子宫紧密相连，共同协作，完成生殖过程中的一系列关键环节。在成年母牛体内，当它们处于未怀孕的状态时，卵巢的大小通常被限定在一个相对稳定的范围内。具体来说，其长度介于2~3厘米之间，宽度则在1.5~2厘米的范围内，而厚度则维持在1~1.5厘米的尺度上。这些尺寸数据为我们提供了关于成年母牛卵巢大小的一个直观而具体的认识。值得注意的是,卵巢在机体内的位置并非一成不变,而是会受到多种因素的影响,其中最为显著的是个体的差异以及母牛生育胎次的多少。对于那些初次生产或生育胎次较少的母牛来说,它们的卵巢往往位于耻骨前缘的前下方,甚至在某些情况下,卵巢的位置会深入到骨盆腔的内部。然而,随着母牛生育胎次的增加,卵巢的位置也会发生相应的变化,它们可能会逐渐向前下方的腹腔深部移动。

卵巢这一复杂的器官,主要由两部分构成:皮质和髓质。皮质部位于卵巢的外周区域,这里是生殖细胞发生和发育的摇篮,内部布满了处于不同发育阶段的卵泡,这些卵泡正是未来可能发育成新生命的起点。而髓质部则位于卵巢的中间位置,这里布满了大量的血管、淋巴管和神经,它们共同为卵巢提供了必要的营养支持和信息传递通道,确保了卵巢能够正常地执行其生理功能。

2. 机能

(1) 产生卵子

卵巢,作为雌性动物体内至关重要的生殖器官,不仅是卵子生成和发育的主要场所,还承载着繁衍后代的重任。在这个精密而复杂的结构中,原始的生殖细胞,即卵原细胞,经历了一系列精细而有序的发育过程,这一旅程从它们定居在卵巢的皮质部开始。在卵巢的皮质层内,卵原细胞在特定的激素调节下,首先进入增殖阶段,通过有丝分裂增加数量。随后,这些细胞进入生长阶段,逐渐转变为初级卵母细胞。在这一阶段,卵母细胞的体积增大,细胞核也变得更为复杂。随着发育的深入,初级卵母细胞会在第一次减数分裂时停滞在前期,等待适当的时机继续分裂。当雌性动物进入发情周期时,受到促性腺激素的强烈刺激,部分初级卵母细胞重启分裂过程,经历首次减数分裂后,转变为次级卵母细胞和一个体积相对较小的第一极体。随后,次级卵母细胞便启动第二次减数分裂,不过一般会在分裂中期停止,直到受精的时候,在精子的触发下才完成此次分裂,最终形成成熟的卵子和一个第二极体。卵泡不仅为卵母细胞的发育提供了一个保护和营养的环境,还通过分泌各种生长因子和激素,精确调控着卵母细胞的成熟时机。随着卵泡的成熟,卵泡壁会逐渐变薄,最终破裂,释放出成熟的卵子进入输卵管。一旦卵子被释放到输卵管中，它便处于待受精状态，等待着精子的到来。如果在这个关键时刻，精子能够成功穿越输卵管并与卵子相遇，两者将结合形成受精卵，即生命的起点。受精卵随后会继续在输卵管内发育，直至达到一定的发育阶段后，进入子宫，寻找合适的位置着床，开始新的生命旅程。

（2）分泌激素

① 孕酮。作为一种关键的孕激素，其在母牛妊娠期间的作用尤为突出。它能够有效地维持子宫的静止状态，防止子宫收缩，从而为胚胎提供一个安全、稳定的发育环境。这种作用对于确保胚胎能够顺利着床并持续发育至足月至关重要。此外，孕酮还参与调节母牛体内的免疫反应，对保护胚胎使其免遭母体免疫系统攻击有帮助，进一步提高了妊娠的成功率。

② 雌激素。它是另一种对母牛生殖系统具有广泛影响的激素。在母牛发情周期的启动和维持中起着核心作用，能够促进卵巢中卵泡的发育和成熟，进而诱导发情行为的出现。同时，雌激素还能够增强子宫和阴道的血液循环，提高这些组织的敏感性，为受精卵的接收和着床做好准备。此外，雌激素还参与调节母牛体内的代谢过程，如促进骨骼生长和维护骨骼健康等，这些都对母牛的整体生理状态产生着深远影响。

（3）调节生殖周期

卵巢，作为母牛生殖系统中的核心组成部分，承担着调节发情周期的重要职责。这一调节过程主要通过卵巢分泌的一系列激素及卵泡在不同阶段的发育变化来实现。发情周期，作为母牛生殖生理中的一个关键环节，不仅直接关系到母牛何时会进入发情状态，进而决定了何时为最佳的配种和受孕时机，还深刻影响着母牛整体的繁殖性能和经济效益。在发情周期中，卵巢的激素分泌起着至关重要的作用。其中，雌激素和孕激素（如孕酮）的周期性变化是推动发情周期演进的主要动力。随着卵泡的发育，雌激素的分泌量逐渐增多，当雌激素水平达到一定阈值时，会触发母牛进入发情期，此时母牛会表现出典型的发情行为，如接受爬跨、外阴部肿胀充血、阴道分泌物增多等，这些都是母牛处于发情状态的重要标志。与此同时，孕激素也在发情周期中发挥着重要的调节作用。在发情周期的后半段，随着卵泡的逐渐成熟和排卵，卵巢会开始分泌孕激素，主要是孕酮。孕激素的上升会抑制下丘脑和垂体的促性腺激素分泌，进而减缓卵泡的发育速度，为下一次发情周期的启动做准备。如果母牛在发情期间成功受孕，孕激素的分泌将持续增加，以维持妊娠状态，并抑制下一次发情周期的到来。

（二）输卵管

在雌性奶牛的生殖系统中，输卵管是一个结构复杂且功能至关重要的器官。它不仅作为卵巢与子宫之间的桥梁，承担着连接两大生殖器官的重要任务，还负责着一系列精细而复杂的生殖过程，其中包括卵子的受精以及受精卵向子宫的转运。

1. 解剖结构

奶牛体内的输卵管，作为生殖系统不可或缺的一环，由两条细长弯曲的管道组成，它们分别巧妙地设置于卵巢与子宫角的每一侧之间，发挥着极其重要的作用，形成了一条连接卵巢与子宫的生殖通道。尽管输卵管并不直接与卵巢相连，但其前端设计得尤为独特——膨大并呈漏斗状，这部分被称为输卵管伞。输卵管伞以一种近乎拥抱的姿态部分包围着卵巢，确保卵巢一旦排出成熟的卵子，就能被迅速而有效地捕获并引导进入输卵管内部。输卵管伞的漏斗状设计并非偶然，而是生殖进化的智慧结晶。其表面布满了细小的纤毛，这些纤毛通过协调一致的摆动，能够产生微弱的吸力，帮助捕获从卵巢释放的卵子，并引导其进入输卵管。

此外，输卵管伞还分泌一种黏液，这种黏液不仅有助于卵子的顺利移动，还能为卵子提供一个保护和滋养的微环境。输卵管本身由多个部分构成，每一部分都承担着特定的生理功能。其中，壶腹部无疑是输卵管中最引人注目的部分，也是精子与卵子相遇且受精的唯一地点。壶腹部位于输卵管的中上部，其形状宽敞，内部空间足够大，为精子和卵子的结合提供了足够的空间和可能性。此外，壶腹部内壁富含丰富的血管和淋巴管，这些血管和淋巴管不仅为受精过程提供了必要的营养物质和氧气，还能通过调节局部微环境（温度、pH值、渗透压等），为受精创造最为理想的条件。壶腹部的这些独特设计，使得精子在到达这里后，能够有足够的时间和机会与卵子相遇，并通过一系列复杂的生物化学反应，如精子穿透卵子的透明带、精核与卵核的融合等，最终完成受精过程，形成受精卵。一旦受精成功，受精卵会继续在壶腹部内发育，同时，依靠输卵管的蠕动以及纤毛运动，胚胎被慢慢地向子宫方向推送，为接下来的着床和发育做好准备。

2. 机能

（1）负责容纳、输送卵子、精子以及早期胚胎的转运

卵巢排卵后，成熟的卵子从卵巢释放，随即被输卵管伞捕获。输卵管伞以其漏斗状的独特设计，确保了卵子能够准确无误地落入输卵管内。随后，卵子在输卵管内部纤毛和肌肉的协同作用下，开始了向壶腹部的旅程。与此同时，精子也在为受精做着积极的准备，它们通过生殖道逆向而上，被输送到壶腹部。精子与卵子在壶腹部这一"爱的港湾"相遇，为受精这一神奇的生命过程拉开了序幕。在壶腹部内，精子和卵子将共同书写生命的奇迹。

（2）精子获能、卵子受精及卵裂的场所

精子在受精前，并非立即具备受精能力，它们需要在输卵管内经历一个关键的"获能"过程。这一过程对于精子来说是至关重要的，它决定了精子是否能够成功与卵子结合。在输卵管内，精子会遇到特定的物质，这些物质能够激活精子内部的酶类，使其获得穿透卵子透明带的能力。而壶腹部，作为输卵管中最宽阔的部分，为精子和卵子的相遇提供了理想的场所。在这里，精子与卵子终于有了相遇的机会，并成功受精。受精后的卵子，也被称为合子，会继续留在输卵管内3~4天，进行早期的卵裂发育，为接下来的胚胎发育奠定坚实的基础。

（3）为早期胚胎提供营养

输卵管不仅是一个连接卵巢与子宫的通道，它还扮演着至关重要的滋养角色。其内壁细胞能分泌出丰富的黏蛋白和黏多糖等营养物质，这些分泌物构成了一个温和而富有营养的微环境。对于精子而

言，这些分泌物不仅提供了必要的能量来源，还协助其保持活力和方向感。同时，卵子和受精后的胚胎也从中汲取养分，为早期发育提供了不可或缺的支持。输卵管通过其独特的分泌功能，确保了生殖细胞及早期胚胎的健康成长。

（三）子宫

在雌性奶牛复杂的生殖系统中，子宫扮演着至关重要的角色，它是孕育新生命的摇篮，也是确保胎儿健康发育的关键场所。了解母牛子宫的结构与功能，对于深入探索奶牛繁殖生理学、提高繁殖效率以及保障奶牛健康具有重要意义。

1. 解剖结构

母牛的子宫是一个倒置的梨形器官，位于骨盆内，由子宫颈、子宫体和子宫角三部分组成。

（1）子宫颈

子宫颈作为子宫与外界的关键通道，巧妙地连接着阴道，确保了生殖系统的完整与安全。其内壁布满了精致的环形皱襞，这些独特的结构在分娩时发挥着至关重要的作用，它们能够灵活地扩张，为胎儿的顺利娩出提供了宽敞的通道。然而，在非发情期和妊娠期，子宫颈则呈现出紧闭的状态，宛如一位忠诚的守护者，严防死守，坚决阻止外界的细菌、病毒等有害物质侵入子宫内部，从而有效地保护了母体的生殖健康，为胎儿的成长发育营造了一个安全、洁净的环境。

（2）子宫体

作为子宫颈与子宫角之间的桥梁，构成了子宫的主体部分，承载着孕育新生命的神圣使命。其内壁覆盖着错综复杂的血管网络和密布的腺体，这些腺体如同生命的源泉，不断地分泌出丰富的营养物质和激素。这些宝贵的分泌物为发育中的胚胎提供了一个温暖、湿润且营养充足的生长环境，确保了胚胎能够健康、茁壮地成长。子宫体以其卓越的滋养功能，成为孕育生命不可或缺的摇篮。

（3）子宫角

子宫的两个分支，即子宫角，优雅地向两侧延伸，宛如生命的双翼，每个末端都紧密地连接着一个卵巢。在母牛发情期这一神奇的时刻，成熟的卵子由卵巢释放。输卵管引导着这些卵子，可能会进入子宫角这一生命的交汇点。在这里，如果幸运地遇到精子，一场生命的奇迹就可能悄然上演——受精过程。子宫角，以其独特的地理位置和生理功能，成为生命诞生的神秘舞台。

2. 机能

（1）受精与妊娠

子宫不仅是精子与卵子相遇并可能受精的潜在场所之一（尽管科学上已证实受精更多发生在输卵管壶腹部），它还是胚胎发育直至分娩前的核心栖息地。为了确保胚胎能够茁壮成长，子宫内的环境被精心调控，维持着适宜的温度、稳定的pH值及充足的营养供应。这一系列的生理条件共同构成了一个完美的生命摇篮，为胚胎的健康成长提供了坚实的保障，直至它准备好迎接新生命的到来。

（2）激素调节

子宫是一个高度敏感的生殖器官，对多种生殖激素，如孕激素、雌激素和松弛素等，都表现出极强的反应性。这些激素如同生命的指挥家，精心调控着子宫的生理状态，确保其能够顺利地进行发情周期、妊娠维持以及分娩过程。孕激素和雌激素协同作用，维持着子宫内环境的稳定，为胚胎的着床和发育提供了必要的条件。而松弛素则在分娩时发挥着关键作用，它能够促进子宫肌肉的松弛，为胎儿的娩出打开通道。

（3）分娩准备

随着妊娠的逐步推进，子宫经历了显著的变化，其体积逐渐增大，肌肉层也日益增厚，这一系列的生理调整都是为了迎接即将到来的分娩。分娩时刻，子宫展现出了惊人的力量，它发生了强烈而有序的收缩，这股力量如同生命的推手，推动着胎儿沿着子宫颈和阴道这一生命通道，勇敢地迈向外界，开启了新的人生旅程。子宫的这一系列变化，不仅是生命的奇迹，更是大自然赋予母体的伟大力量。

（4）免疫保护

子宫拥有一套精密复杂的免疫系统，它如同忠诚的卫士，能够敏锐地识别和清除入侵的外来病原体，为胎儿筑起一道坚不可摧的防线，确保其在母体内安全、健康地成长，免受外界感染的侵扰。

（四）阴道

雌性奶牛的阴道是其生殖系统中不可或缺的关键部分，它扮演着多重重要角色。在交配过程中，阴道为精子提供了进入子宫的通道；而在分娩时，它则是胎儿娩出的必经之路。此外，阴道还积极参与维持生殖道的健康环境，通过其独特的生理机制，抵御外界病原体的侵入，保护母牛免受感染。

1. 解剖结构

阴道，这一位于母牛骨盆腔内的关键构造，不仅是连接子宫与外部环境的桥梁，更是生殖健康的重要保障。它呈现为一条扁平裂隙状的管道，巧妙地将子宫颈与阴门相连，其长度恰到好处地维持在20~28厘米，既保证了足够的空间，又赋予了阴道出色的弹性和伸缩性。阴道壁的结构更是精妙绝伦，肌肉层由纵行与环行肌纤维交织而成，宛如一张弹性网，为阴道提供了强大的支撑力和收缩力，确保了其在交配与分娩时的关键作用。而黏膜层则布满了错落有致的纵行与横行皱褶，这些皱褶不仅极大地增加了阴道的表面积，更为其带来了卓越的润滑性和适应性，使得阴道能够更好地应对各种生理变化。阴道背侧与直肠紧邻，腹侧和膀胱、尿道相邻，两侧则被骨盆腔侧壁紧紧包裹，这种独特的位置关系使阴道在功能上与其他器官紧密相连，共同维护着生殖道的健康与平衡。

2. 机能

阴道是母牛交配时的通道，能够容纳公牛的阴茎并引导其进入子宫，从而完成受精过程。在分娩过程中，阴道是胎儿从子宫进入外部环境的必经之路。其弹性和伸缩性能够容纳并引导胎儿顺利通过。阴道分泌的黏液能够润滑阴道壁，减少性交和分娩时的摩擦和损伤。同时，这些黏液还含有一定的抗菌成分，有助于维持阴道内微环境平衡。阴道具有一定的免疫功能，它能够抵抗病原体的入侵，保护生殖道免受感染。

第二节 奶牛发情鉴定

一、外部观察法

（一）行为变化

1. 发情初期

奶牛发情初期时，行为和身体变化明显，为牧场管理者提供发情鉴定和适时配种的重要依据。奶牛变得焦躁不安，频繁走动，叫声频繁响亮，吸引潜在配偶。发情奶牛可能爬跨其他奶牛，表达交配意愿。此外，发情期奶牛食欲可能下降，需管理者留意确保营养足够。这些变化反映奶牛体内激素水平波动和生理需求，是生殖周期活跃阶段的标志。牧场管理者应密切观察奶牛发情期的行为变化，准确判断发情时间，合理安排配种计划，提高奶牛受孕率，优化牧场繁殖管理。同时，确保发情期奶牛获得足够营养，维持健康状态，促进牧场经济效益提升。

2. 发情盛期

在奶牛的发情盛期，奶牛的爬跨行为会变得更为频繁且明显。这一行为不仅是母牛性成熟的体现，更是其繁殖性能的一个重要信号。同时，一些奶牛还会出现排尿频繁的现象，这可能是由于发情期间体内激素的变化所导致的。这种发情行为不仅有助于公牛识别并选择最适合的母牛进行交配，也为养殖者提供了重要的繁殖信息。通过观察这些行为变化，养殖者可以更加准确地判断母牛的发情时间，从而合理安排配种计划，提高奶牛的繁殖效率。

3. 发情末期

在发情高峰期过后，奶牛的兴奋性会逐渐降低，爬跨行为相较于之前会明显减少。尽管爬跨行为减少，但奶牛仍可能表现出一些不安的情绪。这可能是由于发情期间体内激素的剧烈波动，导致奶牛在生理和心理上都经历了一定的变化。养殖者需要密切关注奶牛的行为变化，确保它们得到充足的休息和营养，以维持良好的健康状态。

(二) 外阴部变化

奶牛发情周期中，外阴部变化是发情鉴定的重要指标。发情前期，外阴部肿胀，阴唇松弛，受雌激素影响。随着发情进展，外阴部更湿润，覆盖光泽黏液，为精子存活和通过提供环境。发情盛期，阴门黏液量显著增加，质地黏稠，可拉成丝状，吸引雄性并润滑交配。发情末期，外阴部肿胀和黏液分泌逐渐消退，恢复到平时状态。

二、直肠检查法

(一) 检查准备

首先，需要剪短并磨平指甲，以避免在检查过程中对奶牛造成伤害。其次，戴上长臂手套，这不仅可以保护检查人员的手部，还能增加与奶牛接触时的舒适度。检查人员还需在手套上涂抹润滑剂，如凡士林等，以减少摩擦。最后，让奶牛处于合适的保定状态也非常重要，通常可以选择在奶牛保定栏内进行，这样既能确保奶牛的安全，也能保障检查人员的人身安全。

(二) 检查步骤

检查人员将戴着消毒手套的手缓缓伸入奶牛的直肠内，小心翼翼地将直肠内积聚的粪便掏出，确保视野清晰无碍。随后，他们通过直肠壁轻柔而仔细地触摸卵巢和子宫，以评估其状态及是否存在异常。

在发情时，卵巢会有明显变化。卵巢上的卵泡发育，触摸可感觉到其尺寸、质地和柔韧度。发情初期，卵泡开始增大，直径约为 1~1.5 厘米，卵泡壁较硬；随着发情进展，卵泡继续增大，直径可达 1.5~2 厘米甚至更大，卵泡壁随之变薄并展现出良好的弹性，伴有轻微的波动感。当接近排卵时刻，卵泡壁变得异常纤薄，波动感显著加剧。同时，子宫也会有相应变化。发情时，子宫角充血、肿胀，子宫体和子宫颈也会有一定程度的变软，且子宫收缩增强，检查时可感觉到子宫的轻微蠕动。

三、阴道检查法

(一) 检查准备

使用经过专业认证、质量可靠的阴道开张器,并按照严格的消毒流程对其进行彻底的消毒处理,确保其无菌状态。同时,也要使用温和且有效的消毒剂对奶牛的外阴部进行全面的清洁和消毒,以最大程度地防止交叉感染和疾病的传播。

(二) 检查过程

在确保所有操作符合动物福利标准的前提下,兽医或专业技术人员会小心翼翼地将经过消毒处理的阴道开张器缓慢而平稳地插入奶牛的阴道内。随后,他们会轻轻地打开张器,以便能够清晰地观察到阴道内部的情况。在这一过程中,他们会仔细观察阴道黏膜的颜色,注意是否呈现出充血或潮红的状态,这是发情奶牛常见的生理反应。同时,他们还会留意阴道黏膜的充血情况,以此来评估奶牛的生理状态。此外,他们还会仔细观察阴道内黏液量和性质。发情期间的奶牛,阴道内通常会有较多的黏液分泌,这些黏液的透明度和黏性会根据发情阶段的不同而有所变化,通常与外部观察到的外阴部黏液情况保持一致。除了颜色和分泌物,专业人员还会观察阴道壁的收缩情况。在发情期间,奶牛的阴道壁会呈现出较为频繁的收缩反应,这是判断奶牛是否处于发情期的重要依据之一。通过这些细致的观察和评估,可以为奶牛的健康管理和繁殖工作提供有力的支持。

四、其他辅助鉴定方法

(一) 计步器监测

现代化养殖场管理中,计步器成为提高奶牛繁殖效率和健康管理的重要工具。发情期奶牛活动量显著增加,计步器能精确监测步数、行走距离和活动频率。高灵敏度传感器实时记录数据,传输至管理系统供分析。养殖场主设定合理活动阈值,当奶牛活动数据超阈值,系统自动警报提示发情。此方法准确连续,减轻人工观察负担,减少人为误差。养殖场主及时掌握奶牛繁殖状况,制订科学繁殖计划和管理措施。计步器应用为奶牛健康和牧场可持续发展提供技术支撑，提升繁殖效率，优化管理水平。

(二) 牛奶孕酮检测

在奶牛养殖中，了解发情和排卵情况对繁殖效率至关重要。养殖场管理者和兽医通过检测牛奶孕酮含量辅助判断奶牛生殖状态。孕酮在奶牛生殖周期中起关键作用，其水平随周期变化。发情期孕酮低，排卵后黄体期孕酮高。定期采集牛奶样本，用专业设备检测孕酮含量，可间接了解奶牛生殖阶段，确定发情周期和最佳配种时间。孕酮水平与奶牛体内含量密切相关，连续检测可观察动态变化，准确把握生殖状态。此方法准确可靠，但需依赖专业设备和技术。通过牛奶孕酮检测，养殖场能科学管理奶牛繁殖，提高繁殖效率，提升生产效益。

第三节 发情周期调控机制

一、发情周期的基本概念

奶牛发情周期是母牛生殖生理的关键环节，它是指母牛从一次发情开始到下一次发情开始所经历的时间周期，且影响牛群繁殖效率和经济效益，周期时间相对固定，受品种、年龄、营养、环境等因素影响，一般为17~25天，平均21天。发情周期分为四阶段：①发情前期，卵泡发育，雌激素增加，母牛出现发情前兆，如外阴充血肿胀，不接受交配；②发情期，卵泡成熟排卵，雌激素达高峰，母牛表现出明显发情症状，如接受交配、外阴极度肿胀、分泌大量透明黏液，是配种理想时机；③发情后期，黄体生成分泌孕激素，雌激素减少，发情症状消失，生殖器官为下次发情做准备；④休情期（间情期），黄体持续分泌孕激素，母牛生殖器官相对静止，不接受交配，外阴恢复正常，阴道分泌物减少。了解奶牛发情周期，有助于科学管理繁殖，提高繁殖效率。

二、内分泌系统在发情周期调控中的核心作用

(一) 下丘脑-垂体-卵巢

1. 下丘脑

下丘脑在奶牛发情周期调控中扮演关键角色,分泌促性腺激素释放激素,以脉冲式释放至垂体门脉系统,实现对下游激素分泌的精细调控。促性腺激素释放激素的脉冲频率和幅度随发情周期变化,发情前期频率显著增加,促使垂体前叶增加促性腺激素分泌,推动卵泡生长与成熟,为排卵和发情做准备。促性腺激素释放激素的精确调控机制如同内分泌系统的"总指挥官",掌控促性腺激素分泌节奏和数量,协调生殖内分泌系统活动。从下丘脑至垂体,再到卵巢,激素调控链条确保奶牛正常启动和维持发情周期,实现生殖功能。下丘脑的调控作用,不仅体现了内分泌系统的复杂性,也凸显了其在奶牛繁殖管理中的重要性,为科学管理奶牛发情周期、提高繁殖效率提供了理论基础。

2. 垂体

当下丘脑释放的促性腺激素释放激素刺激垂体时,垂体便会分泌卵泡刺激激素和黄体生成激素这两种关键激素。

(1) 促卵泡生成素

促卵泡生成素调控奶牛发情周期早期卵泡生长和发育。作为"启动器",激活原始卵泡进入发育,促进细胞增殖分化,合成生长因子和激素。卵泡发育后期分泌抑制素,负反馈调节垂体分泌促卵泡生成素,避免资源竞争。雌激素也参与负反馈调节,抑制垂体分泌促卵泡生成素和促黄体生成素。多重负反馈机制确保发情周期顺利进行和生殖系统稳定,促卵泡生成素在此过程中起关键作用,为卵泡发育提供必要营养和支持,保证一定数量的卵泡成熟,实现生殖功能。

(2) 促黄体生成素

促黄体生成素在奶牛发情周期中至关重要,调控卵泡发育后期至黄体形成及维持。卵泡成熟时,促黄体生成素促进雄激素合成,转化为雌激素,确保卵泡最佳时机排卵。排卵前夕,促黄体生成素促使卵

泡壁破裂，完成排卵。排卵后，促黄体生成素促进黄体形成，增强孕酮分泌能力，维持妊娠。孕酮对胚胎着床、发育及母体适应至关重要。促黄体生成素与促卵泡生成素、雌激素、孕酮等相互作用，构成复杂的内分泌调控网络，确保发情周期顺利进行，维持生殖系统稳定。促黄体生成素的精确调控，不仅影响排卵，还关乎黄体功能和妊娠维持，是奶牛繁殖管理中的关键环节，为奶牛发情周期和生殖功能提供重要保障。

3. 卵巢

卵巢既是促性腺激素的靶器官，也是内分泌器官。

（1）雌激素

在卵泡发育过程中，卵泡颗粒细胞在促卵泡素和促黄体素的作用下合成和分泌雌激素。雌激素对发情周期有多重影响。在生理水平下，雌激素可以促进生殖道的发育和生理变化，如使阴道黏膜增厚、子宫颈松弛、子宫腺体增生等，为受精和胚胎着床创造有利条件。同时，雌激素对下丘脑和垂体有正反馈和负反馈调节作用。发情前期与发情期中，雌激素含量上升，对下丘脑产生正面反馈效应，促使促性腺激素释放激素大量分泌，进而诱导促黄体素峰值出现，引发排卵。相反，在发情后期及间情期，雌激素会对下丘脑和垂体产生抑制性的负反馈效应，从而减少促卵泡激素和促黄体激素的释放。

（2）孕酮

排卵结束后，卵泡壁会发生塌陷并转变为黄体，黄体细胞随后负责分泌孕酮。孕酮在维持妊娠和调节发情周期中起重要作用。在妊娠期间，孕酮维持子宫内膜的增厚和分泌状态，抑制子宫平滑肌的收缩，有利于胚胎着床和发育，同时对下丘脑-垂体轴有负反馈作用，抑制促性腺激素、促卵泡素和促黄体素的分泌，防止新的卵泡发育和发情。如果没有受孕，黄体在一定时间后退化，孕酮水平下降，解除对下丘脑-垂体轴的抑制，新的卵泡启动其成长过程，标志着下一个发情周期的起始。

(二) 其他内分泌因素的协同作用

1. 前列腺素

前列腺素在奶牛发情周期调控中也有着重要地位。在黄体期，子宫内膜等组织分泌的前列腺素 F2α 可以促使黄体退化。前列腺素 F2α 通过局部的逆流机制进入卵巢动脉，作用于黄体，使黄体细胞发生凋亡，孕酮分泌减少。这种黄体溶解作用是发情周期正常运转的重要环节，它为新的卵泡发育和下一次发情创造了条件。此外，前列腺素在分娩等过程中也参与子宫收缩等生理活动的调节。

2. 催产素

催产素由垂体后叶分泌，在奶牛发情周期中也有一定作用。在分娩和排乳过程中，催产素的作用更为人熟知，但在发情周期中，它与生殖器官的平滑肌收缩和子宫内膜的生理活动有关。例如，在发情期，催产素可能参与子宫和输卵管的蠕动调节，对精子和卵子的运输有帮助。同时在一定程度上与其他激素协同影响生殖器官的生理状态。

三、神经调节对发情周期的影响

(一) 中枢神经系统与内分泌系统的交互作用

中枢神经系统通过复杂的神经网络和神经递质精细调控奶牛发情周期，影响下丘脑-垂体-卵巢轴（HPO 轴）。多巴胺是关键神经递质之一，通常抑制促性腺激素释放激素分泌，维持 HPO 轴平衡。γ-氨基丁酸也参与调控，作用相对复杂。应激状态下，中枢神经系统发生适应性变化，交感神经系统兴奋，释放去甲肾上腺素等神经递质，干扰 HPO 轴正常调控，导致促性腺激素释放激素分泌异常，影响垂体促性腺激素分泌和卵巢功能，引起发情周期紊乱。长期应激可导致奶牛发情异常，如周期紊乱、不发情等，影响繁殖效率、健康和生产性能。因此，管理奶牛时应尽量减少应激因素，保持中枢神经系统和 HPO 轴的稳态，确保奶牛正常发情和繁殖。中枢神经系统的调控作用，显示了奶牛发情周期调控的复杂性和应激管理的重要性。

(二) 外周神经对生殖器官的调节

外周神经系统在生殖器官调控中至关重要，是内外环境交流的桥梁和生殖内分泌调控的信息来源。生殖器官神经末梢广泛分布，能敏锐感受多种信息，如交配时的机械性刺激，这些信息传递至中枢神经系统，影响促性腺激素分泌，调控卵巢活动和发情周期。外周神经系统还通过自主神经系统调节生殖器官生理功能，包括交感神经和副交感神经。交感神经在应激时活跃，释放去甲肾上腺素等，使生殖器官血管收缩，平滑肌紧张，减少血液供应，降低功能活动，以应对威胁。副交感神经则释放乙酰胆碱等，使血管舒张，平滑肌松弛，增加血液供应，促进功能恢复，为繁殖活动做准备。这种精细调节确保生殖器官准确响应环境变化，维持正常生理功能，体现了外周神经系统在生殖调控中的复杂性和重要性。

四、环境因素对发情周期调控机制的干扰

(一) 光照

光照对奶牛发情周期有着显著影响，这一机制不仅体现了自然界光周期对生物节律的调节，也为奶牛养殖提供了提高繁殖效率的新途径。光照时长变化通过视网膜-下丘脑神经通路深刻影响奶牛内分泌系统。视网膜捕捉光照变化，转化为神经信号传递至下丘脑，后者调整促性腺激素释放激素的分泌。在长日照季节，奶牛接收的光照信息变化促进该激素分泌，进而调节垂体前叶释放卵泡刺激素和黄体生成素，加速卵泡成长与成熟，增加奶牛发情和排卵几率。在现代奶牛养殖中，光照管理成为重要繁殖调控手段。通过人为控制光照条件，如延长光照时间、调整强度，可模拟自然光周期，调节奶牛内分泌系统，使其发情周期规律化。因此，制订科学合理的光照管理方案，需结合奶牛行为习性、生理特点及养殖条件，以实现最佳繁殖效果。

(二) 温度和湿度

环境温度和湿度对奶牛生理健康及发情周期调控至关重要。高温高湿环境下，奶牛易受热应激影响，干扰内分泌和新陈代谢，进而影响发情周期。热应激时，奶牛通过提高呼吸频率、减少摄食等适应机

制维持体温，但导致能量摄入不足，影响新陈代谢及 HPO 轴功能，促性腺激素分泌异常，卵泡刺激素和黄体生成素减少，性激素水平失衡，发情周期紊乱。相比之下，低温环境虽也影响奶牛生理，但影响程度较轻，通常不会导致发情周期严重紊乱。为减轻热应激影响，可采取多种措施，如优化环境温度湿度、提供充足饮水、调整饲料配方等，帮助奶牛维持体温平衡，减少发情周期紊乱，提高繁殖效率和生产性能。因此，合理调控环境温度湿度，对奶牛健康和生产至关重要。

(三) 营养水平

营养状况对奶牛发情周期调控至关重要。能量、蛋白质、维生素和矿物质等营养素的充足供应是奶牛维持正常生理功能和发情周期的必要条件。能量不足会导致奶牛体重下降，扰乱 HPO 轴功能，影响卵泡发育和激素分泌，导致发情异常。蛋白质缺乏影响激素合成，进而影响发情周期调控和整体生理功能。维生素和矿物质，如维生素 A、E 及钙、磷等，对生殖器官发育、免疫功能、抗氧化和激素调节起重要作用，缺乏会影响奶牛生殖健康。因此，需密切关注奶牛营养和健康状况，及时调整饲养管理策略，确保发情周期正常和繁殖效率。通过合理营养供给，维护奶牛生殖系统健康，提高繁殖性能。

第四节 受精与胚胎发育过程

一、受精过程

(一) 精子的准备

1. 精子的运输与存活

公牛射精入母牛阴道标志着精子向卵子旅程的开始。精子需克服阴道内的酸性环境，大部分精子因无法适应环境而失去活力。但精子携带缓冲物质，能中和酸性，同时阴道黏液也提供助力。然而，精子在阴道内存活率低，只有适应性强、生命力旺盛的精子才能继续前行。它们依靠鞭毛运动和生殖器官蠕动，穿越复杂多变的生殖通道，面临温度、酸碱度等环境变化。大量精子在此过程中丧失活力甚至死亡，这是自然的筛选机制。只有最强生命力的精子才能到达卵子位置，数量虽减少但质量提升。这些幸存的精子有机会与卵子结合，形成新的生命。

2. 精子获能

精子在母牛生殖道内需经历精子获能过程，方能具备受精能力。这一过程主要发生在子宫和输卵管内，涉及精子膜结构和成分的深刻改变。精子膜上的蛋白质、脂质和糖类分子重构，使膜更灵活，适应环境变化。同时，精子内部关键酶类被激活，对穿透卵子周围结构和与卵子融合至关重要。精子膜胆固醇含量变化调节流动性，促进与卵子有效接触。此外，精子膜受体和信号分子调整，使精子能识别卵子释放的吸引信号，精确定位。更重要的是，获能过程中精子内部酶类如顶体酶、透明质酸酶被激活，降解卵子周围的放射冠和透明带，为精子创造通往卵子内部的通道，使精子能更深入地穿透卵子。这一过程是精子从成熟到具备受精能力的关键生理变化。

（二）卵子的准备

母牛排卵后，卵子被输卵管伞部捕获，开始输卵管内旅程，等待精子。卵子周围有放射冠和透明带构成的屏障，保护卵子免受外界干扰。卵子已完成第一次减数分裂，转变为成熟卵子，进入第二次减数分裂中期，静候精子激活。精子须穿透放射冠和透明带，与卵子接触，触发卵子激活。这是受精过程的关键，标志着第二次减数分裂开始。在激活信号下，卵子迅速完成分裂，释放第二极体，与精子核融合，形成受精卵。此过程标志着新生命的开始，受精卵将在母牛体内继续发育。卵子在输卵管内的旅程及其与精子的相遇和受精，是生命诞生的奇妙过程，涉及复杂的生物化学反应和结构变化，确保了新生命的健康诞生。母牛体内的这一生殖周期阶段，展现了生命进化的智慧和自然界的神奇。

(三)受精的具体步骤

1. 精子穿过放射冠和透明带

当具备受精能力的精子行至输卵管壶腹部并与卵子相遇时,首要任务是穿越卵子外围的放射冠。这时,精子头部会释放顶体酶,这些酶能够分解放射冠细胞间的物质,帮助精子突破放射冠的屏障,接近卵子的透明带。紧接着,精子利用顶体酶在透明带上开辟出一条通路,最终与卵子的细胞膜实现接触。这个过程就像一场激烈的攻坚战,精子利用自身携带的"武器"(顶体酶)突破卵子的外层防御。

2. 精卵融合与卵子反应

精子与卵子细胞膜接触后,两者的细胞膜发生融合,精子的头部和颈部进入卵子内。一旦精子进入卵子,卵子会立即发生一系列反应,以阻止其他精子的进入,保证单精受精。这些反应包括透明带反应和卵细胞膜反应。透明带反应是指卵子在精子进入后,透明带的结构发生变化,使其对其他精子具有排斥性,这一步骤能够防止其他精子再次穿越透明带。并且,卵子细胞膜会发生一系列的电位变化及其他生理反应,即卵细胞膜反应,这些变化使得其他精子无法再与卵子结合。

3. 原核形成与融合

当精子进入卵子内部后,其细胞核会迅速膨胀,演化为雄原核。与此同时,卵子会完成其第二次减数分裂,生成雌原核。随后,雄原核与雌原核在卵子的细胞质内部逐渐相互接近,并最终合并成一个新的细胞核,这标志着受精作用已圆满结束。

二、胚胎发育过程

(一)卵裂期

受精后,卵裂期开始,这是胚胎发育早期从单一细胞向多细胞转变的关键。受精卵进行有丝分裂,复制遗传物质,分裂成完全相同的卵裂球。卵裂过程使细胞数量翻倍,但总体积不增,卵裂球体积逐渐变小,数量增加。卵裂遵循一定规律,从受精卵迅速分裂成2-细胞、4-细胞、8-细胞等阶段,像生命交响乐,共同谱写生命诞生的序曲。

同时，胚胎在输卵管内向子宫移动，需适应环境变化，确保顺利到达子宫。卵裂期不仅是细胞数量增加，也是细胞专门化的开始，卵裂球为未来发育分化做准备。随着卵裂进行，细胞逐渐获得特定功能和特性，为胚胎进一步发育奠定基础。卵裂期是生命诞生的奇妙过程，展现了细胞分裂和增殖的精密与生命的神奇。

(二) 桑椹胚阶段

桑椹胚时期，胚胎发育进入新阶段，细胞数量增至16~32个，形态如桑椹，结构复杂精细。此时，胚胎细胞间形成紧密连接和缝隙连接，促进信息交流和物质交换，对正常发育至关重要。桑椹胚在输卵管内，依靠蠕动和纤毛摆动向子宫迁徙，虽面临挑战，但塑造其坚韧和适应性。移动中，桑椹胚与输卵管环境互动，促进发育成熟。此阶段也是发育转折点，细胞开始为分化做准备，逐渐获得特定功能和特性，为后续囊胚形成和胚胎植入子宫壁奠定基础。桑椹胚时期展现了胚胎发育的奇妙与复杂，细胞间的紧密合作和环境的互动，共同推动着生命向前进化，为新生命的诞生奠定坚实基础。

(三) 囊胚阶段

桑椹胚继续其发育进程，细胞开始产生分化，内部形成了一个含有液体的空间，这个空间被称为囊胚腔，此时的胚胎形态被称为囊胚。囊胚结构包含两层：外层是由滋养层细胞构成，这些细胞未来会发展成胎盘等胚胎外的组织，负责为胚胎提供必要的营养与保护；内层是由内细胞团组成，这些细胞位于囊胚腔的一侧，它们将发育成为胎儿的各个部分。囊胚在受精后6~7天进入子宫，在子宫内，囊胚会在子宫腔内游离一段时间，这个过程称为胚胎的着床前发育。

(四) 着床与胚胎进一步发育

1. 着床

囊胚在子宫内游离一段时间后，开始与子宫内膜发生相互作用，最终附着并植入子宫内膜，这一过程称为着床。着床是胚胎发育过程中的一个关键步骤，它标志着胚胎在子宫内建立了稳定的生存环境。在着床过程中，滋养层细胞与子宫内膜细胞之间通过一系列复杂的分子信号相互识别和作用。滋养层细胞会分泌一些酶，溶解子宫内膜组织，使胚胎能够嵌入子宫内膜。同时，子宫内膜也会发生一系列适应性变化，如血管增生、腺体分泌增加等，为胚胎提供更好的营养供应和生存环境。

2. 胚胎器官的形成与分化

着床后的胚胎开始了快速的发育和分化。在这一发育阶段，内细胞团会进一步细分为外、中、内三个不同的胚层。其中，外胚层会演变成神经系统和皮肤等组织；中胚层则负责生成肌肉、骨骼以及心血管系统等重要结构；内胚层则主要发育为消化系统、呼吸系统等内脏器官。各个胚层的细胞不断增殖和分化，逐渐形成各种器官和组织的雏形。这个过程就像一座大厦的建设，从最初的蓝图（三个胚层）逐渐构建出各个功能房间（器官和组织）。随着胚胎的进一步发育，胎儿的形态越来越清晰，各个器官系统也不断完善和成熟，直到最终发育成熟并分娩。

第五节　奶牛繁殖管理基础

一、繁殖管理概述

（一）重要性

奶牛繁殖管理是奶牛养殖的核心，关乎繁殖效率、产奶性能和经济效益。科学高效的繁殖管理体系能确保奶牛最佳状态下受孕，维持稳定产犊间隔，保持牛群合理年龄结构。这不仅有成年高产奶牛，也有年轻奶牛补充，推动牛群持续更新发展。良好繁殖管理还提高犊牛质量和成活率，通过繁殖计划、科学营养和细致护理，降低出生缺陷，增强犊牛体质免疫力。健康犊牛适应快，早参与生产，为产业注入新活力。长远看，高效繁殖管理推动奶牛养殖转型升级，提升竞争力，构建科学合理养殖模式，向集约化、标准化、智能化发展，为产业长远发展打下基础。因此，加强奶牛繁殖管理，是提升养殖效益、推动高质量发展的必由之路。

(二) 目标

实现理想繁殖性能是奶牛养殖业发展的关键。需精细化管理发情、配种、妊娠和分娩环节，通过科学监测技术把握发情周期，提高受孕率；加强妊娠营养管理和健康监测，保障胎儿生长；专业助产确保母牛和犊牛安全。这些措施能提高产犊率，奠定可持续发展基础。

缩短产犊间隔至 12~13 个月，确保母牛恢复体力，为下胎次妊娠和产奶做准备。优化繁殖管理，如精确监测、高效配种和科学妊娠管理，能增加产奶次数，提升总产奶量和质量，提高经济效益。

降低繁殖障碍和疾病发生率也至关重要。加强健康管理，包括疫苗接种、驱虫和生殖系统疾病筛查，保障生殖系统健康；优化饲养环境，减少病原体滋生，预防繁殖障碍和疾病。这些措施能显著降低经济损失，如空怀期延长、产犊率下降和牛奶质量受损，确保奶牛养殖业持续健康发展。

二、繁殖管理基本内容

(一) 牛群繁殖记录与分析

1. 个体信息

建立详细的奶牛档案，包括每头奶牛的编号、出生日期、品种及来源等信息，是管理和跟踪其繁殖历史的基础。这些信息有助于快速识别奶牛，准确记录其发情、配种、妊娠和分娩等关键繁殖事件，为繁殖管理提供有力支持。

2. 发情记录

详细记录每头奶牛的发情日期、发情表现（如鸣叫、尾根抬起等）以及所采用的鉴定方法（如直肠检查、行为观察等），能够为准确确定配种时间提供科学依据，从而提高受孕率，优化繁殖效率。

3. 配种记录

准确记录配种日期、公牛编号以及配种方式（人工授精或自然交配），对于评估配种效果、预测妊娠成功率以及追溯可能出现的繁殖问题至关重要，有助于及时调整繁殖策略，确保繁殖计划的顺利实施。

4. 妊娠记录

通过定期的妊娠检查，记录确定的妊娠日期及所采用的检查方法（如直肠检查、B超检查等），能够准确预测产犊日期，并实时监测妊娠进展，及时发现并处理潜在的妊娠问题，确保母牛和胎儿的健康。

5. 产犊记录

记录每头母牛的产犊日期、犊牛的性别、出生体重以及健康状况等信息，能够直接反映母牛的繁殖性能及犊牛的质量，为评估繁殖管理效果、制订后续饲养管理计划提供重要依据。

（二）发情管理

1. 发情监测

综合运用多种发情鉴定方法，可以显著提高发情检测的准确性和及时性。这包括每天定时观察母牛的行为变化，如是否出现鸣叫、尾根抬起、与其他牛只互动增加等发情迹象，以及阴道黏液的颜色、黏稠度和量的变化。同时，结合定期的直肠检查，通过触摸卵巢和子宫的变化来进一步确认发情状态。

在现代养殖中，还可以利用先进的电子监测设备来辅助发情鉴定。例如，计步器等设备可以持续监测奶牛的活动量变化。当奶牛进入发情期时，其活动量往往会突然增加，表现为频繁的走动、探视和与其他牛只的交互。通过设定合理的活动量阈值，计步器可以自动记录并提醒养殖人员注意奶牛的发情情况，从而及时安排配种，提高受孕率。

2. 促进发情措施

保证奶牛的营养平衡，特别是能量、蛋白质、维生素（如维生素 A、E）和矿物质（如钙、磷、硒）的充足供应。能量不足或营养失衡可能导致奶牛不发情或发情异常，可根据奶牛体况调整饲料配方和喂量。适当的光照刺激有助于促进奶牛发情。对于舍饲奶牛，可通过人工控制光照时长和强度，模拟自然光照条件，一般可将光照时间延长至 14~16 小时，促进奶牛生殖激素的正常分泌。尽量减少奶牛的应激因素，如保持牛舍环境安静、温度适宜、避免过度拥挤等。应激可能打乱奶牛的内分泌平衡，导致其发情周期受到影响。

(三) 配种管理

1. 配种时间确定

根据发情鉴定结果和奶牛特有的排卵规律，精确最佳配种时间是提高繁殖效率的关键步骤。通常情况下，母牛在发情开始后的12~18小时内会进行第一次配种。这是因为多数母牛在此时间段内排卵的可能性较高，配种成功率也相应提升。对于发情持续时间较长的母牛，为了确保更高的受孕率，可以在第一次配种后的8~12小时再次进行配种。这样的二次配种策略有助于捕捉可能延迟排卵的母牛，进一步提高配种效果。在进行人工授精时，准确掌握授精时间尤为重要。养殖人员需要根据发情监测结果，结合母牛的排卵规律，选择合适的时间窗口进行人工授精。这要求养殖人员不仅要具备丰富的繁殖管理经验，还要熟练掌握人工授精技术，确保操作规范、迅速且准确，以最大限度地提高受胎率，为奶牛养殖业的持续健康发展奠定坚实基础。

2. 配种方式选择

(1) 人工授精

人工授精在奶牛繁殖中具有诸多显著优点。它使得养殖者能够选择具有优良遗传特性的种公牛精液，从而加速优良基因在牛群中的传播速度，提升整体牛群的遗传品质。同时，通过人工授精，可以大量减少公牛的饲养数量且能降低养殖成本。然而，人工授精操作需要养殖人员严格遵守操作规程，从精液的采集、储存、解冻到输精过程，每一步都需精心操作，确保精液的质量和输精的准确性，以达到最佳的繁殖效果。这一过程的规范性和精确性对于提高受胎率和繁殖效率至关重要。

(2) 自然交配

在小型养殖场或特定情景下使用公牛进行自然交配时，需谨慎选择公牛，避免近亲交配和过度交配导致的遗传问题。同时，需做好公牛的管理，确保其处于健康状态，防止在交配过程中对母牛造成伤害，影响繁殖效果。

(四) 妊娠管理

1. 妊娠诊断

可在配种后 28~35 天进行直肠检查，触摸子宫角变化判断是否妊娠；也可采用超声检查，能更早、更准确地检测到胚胎，一般在配种后 21 天左右即可进行。早期妊娠诊断有助于及时发现未妊娠母牛，以便重新安排配种计划。定期对妊娠母牛进行体检，以追踪胎儿成长状况及母体健康状态。如通过直肠检查感觉子宫大小、质地和胎儿活动情况，发现异常及时处理。

2. 妊娠期饲养管理

根据母牛所处的妊娠阶段，合理调整饲养方案是确保母体和胎儿健康发育的关键。在妊娠前期，要保证母牛摄入的营养全面均衡，为其构建坚实的体质根基。进入妊娠晚期，随着胎儿迅速成长，母牛所需的营养量也随之上升。此时应适当增加能量、蛋白质和矿物质的供给，以满足胎儿快速发育的需要。同时，在饲养过程中，要密切关注母牛的体态变化，防止其过瘦或过肥，以免影响分娩和胎儿的健康。此外，饲料的质量和安全性也不容忽视，应避免饲喂发霉变质的饲料，以防引起母牛身体不适，甚至导致流产等严重后果。通过科学的饲养管理，为母牛和胎儿的健康成长提供有力保障。

(五) 分娩管理

1. 分娩预测与准备

根据母牛的配种日期和平均妊娠期（大约为 280 天），我们可以准确预测其分娩日期，并据此提前做好充分的分娩准备工作。这包括为母牛准备一个干净、温暖、干燥且宽敞的分娩舍，以确保其在分娩过程中能够舒适、安全地生产。同时，分娩舍内还需配备必要的助产设备和消毒用品，以备不时之需。在此期间，养殖人员应对临产母牛加强观察，密切关注其行为变化，如是否出现食欲下降、频繁卧倒起身、乳房肿胀和外阴部松弛等分娩前兆，以便及时采取相应措施，确保分娩过程顺利进行。

2. 分娩过程监护与助产

在母牛分娩的关键时刻，养殖人员需密切观察其阵缩和努责情况，以及胎儿的产出进度。正常情况下，母牛会通过自然的阵缩和努责将胎儿顺利娩出。然而，若出现难产迹象，如胎儿胎位不正、胎势异常，或分娩过程持续时间过长，母牛体力耗尽等，养殖人员应及时进行助产。在进行助产时，必须遵循科学的方法和程序，避免对母牛和胎儿造成不必要的损伤。若养殖人员缺乏助产经验或遇到复杂难产情况，应及时联系兽医进行协助，确保母牛和胎儿的安全。通过专业、及时的助产措施，可以有效提高分娩率，降低母牛和胎儿的死亡率。

3. *产后护理*

分娩结束后，对母牛和犊牛的精心护理至关重要。对于母牛，要检查母体的生殖道是否受损，并留意产后分泌物的排出状况，及时清理以避免感染。同时，给予母牛充足的清洁饮水和易消化的饲料，帮助其快速恢复体力。对于犊牛，要确保其能在出生后尽快吃上初乳，以获得宝贵的免疫物质。此外，还要做好犊牛脐带的消毒工作，防止感染，并采取适当的保暖措施，为犊牛提供一个温暖、舒适的生活环境。通过全面的产后护理，可以有效提高母牛和犊牛的健康水平，为养殖场的持续发展奠定坚实基础。

第三章 常见繁殖障碍性疾病及其病因

第一节 卵巢机能障碍

一、概述

卵巢机能障碍是奶牛繁殖中的常见问题，影响发情、排卵及受孕成功率。正常生理下，卵巢受下丘脑-垂体-卵巢轴（HPO轴）调控，该机制精细复杂：下丘脑释放促性腺激素释放激素，作用于垂体前叶分泌卵泡刺激素与黄体生成素，推动卵泡成长。雌激素分泌随卵泡成熟上升，达到一定浓度时触发正反馈效应，加剧黄体生成素释放，最终排卵。排卵后，卵泡残余转化为黄体，分泌孕酮支持妊娠，为下一个发情周期准备。

HPO轴受干扰或破坏时，卵巢机能障碍可能发生，源于营养不良、应激、内分泌疾病、感染、遗传缺陷或环境因素。调节机制紊乱导致卵泡发育迟缓、排卵受阻、黄体功能异常，影响孕酮分泌，干扰妊娠。卵巢机能障碍表现为发情周期不规律或缺失、屡配不孕、早期胚胎死亡率高、流产率上升，降低繁殖效率，增加养殖成本，威胁奶牛养殖业可持续发展。

二、症状表现

（一）卵巢静止

卵巢静止是奶牛常见繁殖障碍，特征是长期不发情，缺乏正常繁殖周期。母牛无发情表现，卵巢体积小、硬，无卵泡或黄体发育，生殖功能停滞。此外，卵巢静止还导致子宫收缩微弱，影响胚胎着床和发育。由于卵巢功能低下，子宫缺乏激素支持，收缩减弱，繁殖能力受影响。子宫体和子宫角体积可能较小，处于萎缩状态，因长期缺乏激素刺激导致退行性病变，影响正常生理功能。卵巢静止严重影响奶牛繁殖效率和经济效益。

（二）卵巢囊肿

卵泡囊肿是卵巢上卵泡未能正常破裂，持续增大形成囊肿，导致母牛频繁或持续发情，难以判断配种时间，降低受孕率。发情时，母牛阴门红肿，流出透明或乳白色黏液，有时带血丝。直肠检查可摸到直径超过2.5厘米的囊肿卵泡，有波动感，囊肿壁厚。

黄体囊肿则是卵巢上黄体未能正常退化，持续存在增大形成囊肿，影响发情周期，导致长期不发情或周期延长，同样干扰受孕。黄体囊肿存在干扰正常激素分泌和生殖周期。

直肠检查可发现卵巢上有黄体样囊肿，较硬且具弹性，与卵泡囊肿相比质地更坚实，因黄体富含血管腺体组织。卵泡囊肿和黄体囊肿均影响奶牛繁殖，需及时诊断和治疗，以确保奶牛健康和生产效益。这两种囊肿的存在都会给奶牛养殖业带来经济损失，因此应引起高度重视。

（三）持久黄体

当母牛分娩后，卵巢上的黄体本应逐渐退化，为下一次发情和排卵做准备。然而，在某些情况下，黄体并未如期退化，而是持续存在，形成持久黄体。直肠检查是诊断持久黄体的重要手段之一。通过直肠触诊，兽医可以清晰地发现母牛的一侧卵巢增大，这是黄体持续存在并增大的直接结果。进一步触摸，可以感受到卵巢上有持久存在的黄体，它们质地较硬，大小不一，这反映了黄体在持续存在过程中的不同发育阶段。持久黄体的存在对母牛的生殖机能产生了显著影响。由于黄体持续分泌孕激素，它抑制了卵巢上其他卵泡的发育和排卵，从而导致了母牛长时间的不发情。此外，持久黄体还可能影响母牛体内的其他激素平衡，进一步干扰其正常的生殖周期。

三、病因

(一) 卵巢静止

1. 营养因素

饲料营养成分不足，特别是蛋白质、能量、维生素（A、E、D）及矿物质（钙、磷、硒）缺乏或比例失调，严重威胁奶牛健康和生产性能。能量不足导致奶牛能量负平衡，抑制卵巢功能，降低繁殖性能，甚至不孕。维生素 A 缺乏影响生殖上皮发育，阻碍发情、受孕及胚胎发育。矿物质缺乏干扰激素作用，影响繁殖周期和生育能力，同时导致骨骼健康问题。粗饲料质量差、精饲料补充不足是常见原因。粗饲料富含纤维但缺乏蛋白、能量和矿物质，精饲料则提供高蛋白、高能量和必需矿物质。若精饲料补充不足或粗饲料质量不达标，奶牛将营养不足或失衡，影响健康和生产。因此，合理搭配粗、精饲料，确保奶牛全面均衡营养，是维持健康和提高生产性能的关键。需重视饲料质量，科学配比，以满足奶牛营养需求，保障奶牛养殖业可持续发展。

2. 环境因素

高温高湿环境易引发热应激，对奶牛构成挑战。奶牛为散热消耗大量能量，采食量减少，导致营养摄取不足，特别是关键营养素缺乏，影响健康和生产性能。热应激还扰乱内分泌系统，抑制 HPO 轴功能，减少促性腺激素释放激素分泌，干扰垂体促性腺激素分泌和卵巢正常功能如卵泡发育和排卵，降低繁殖性能。

此外，光照不足或不规律也影响奶牛内分泌系统，干扰褪黑素分泌，使调节睡眠-觉醒和生殖周期受影响。褪黑素分泌紊乱导致促性腺激素释放激素分泌异常，奶牛繁殖周期紊乱如发情周期异常、受孕率下降。

为维持奶牛健康和提高生产性能，须采取有效措施应对高温高湿和光照不足。改善牛舍通风降温设施，提供充足水源和适宜饲料，合理调整光照时间和强度，以减轻热应激和光照不足对奶牛内分泌系统的负面影响，保障正常繁殖功能和生产性能。通过这些措施，奶牛能更好地适应环境，保持健康和生产效率，确保奶牛养殖业的可持续发展。

3. 内分泌失调

下丘脑或垂体病变如肿瘤、炎症，严重影响奶牛内分泌系统，干扰促性腺激素分泌，对卵巢功能造成负面影响。下丘脑作为"司令部"，调节垂体活动，促进卵泡刺激素和黄体生成素分泌，促进卵泡发育和排卵。病变导致激素分泌不足，卵泡发育停滞，繁殖性能下降，发情周期紊乱，甚至不孕。

此外，代谢激素异常也影响卵巢功能。胰岛素异常导致血糖波动，损害卵泡质量，降低受孕率，增加流产风险。瘦素参与调节食欲和能量平衡，水平不足或抵抗导致脂肪堆积，干扰激素合成和分泌，包括性激素，进一步扰乱卵巢功能，降低繁殖性能。

因此，下丘脑、垂体病变及代谢激素异常是奶牛繁殖障碍的重要因素，需加强监测和治疗，确保奶牛健康和生产性能。

（二）卵巢囊肿

1. 遗传因素

在奶牛群体中，某些品种或个体由于遗传因素的影响，会表现出对卵巢发育和排卵过程特定的易感性。这些特定的基因变异或多态性，通过影响相关激素的合成、分泌或作用机制，进而干扰卵巢的正常功能。例如，一些基因可能与卵泡发育的速率、质量或数量有关，而另一些基因则可能影响排卵的时机或效率。这种遗传易感性不仅增加了奶牛患繁殖障碍的风险，还可能导致其繁殖性能下降，如发情周期不规律、受孕率降低或流产率增加等。因此，在奶牛育种和繁殖管理中，应充分考虑遗传因素的影响，通过遗传检测和选育健康个体，以降低繁殖障碍的发病率。

2. 疾病和药物影响

子宫内膜炎等生殖道炎症是奶牛常见的繁殖障碍之一，它们不仅会导致奶牛生殖道内的微环境失衡，还会干扰内分泌系统的正常运作，影响卵巢的局部血液循环。炎症的存在会促使机体释放一系列炎性介质，这些介质不仅影响卵巢激素的合成和分泌，还可能改变卵巢局部血管的结构和功能，导致血液供应不足，进而影响卵泡的发育和排卵过程。此外，长期或不当使用类固醇类药物等，也会干扰奶牛体内的激素平衡，进一步加剧繁殖障碍的风险。

（三）持久黄体

子宫疾病：子宫内膜炎、子宫积脓或积水等病理状况，构成了异常的子宫内环境，这些炎症或异常条件对雌性的生殖健康构成了严重威胁。其中，一个重要的生理过程受到干扰便是前列腺素 F2α 的合成和分泌。前列腺素 F2α 在雌性的生殖周期中扮演着至关重要的角色，它是促使黄体溶解的关键物质，对于维持正常的生殖周期和生育功能具有不可替代的作用。前列腺素 F2α 在子宫内的合成和分泌会逐步增加，达到一定的浓度后，便能够触发黄体的溶解过程，促使黄体按时退化，从而为下一次的妊娠做好准备。然而，当子宫内膜受到炎症或异常积液的侵扰时，子宫内的微环境会发生显著变化，导致前列腺素 F2α 的合成和分泌受到抑制。

第二节 子宫内膜炎

一、概述

子宫内膜炎是奶牛产后常见的一种严重繁殖障碍疾病，其发病机理复杂且对奶牛养殖业具有重大影响。该病主要是由于细菌、真菌以及其他微生物感染子宫内膜，进而引发一系列炎症反应。这些微生物可能来源于分娩过程中的污染、环境卫生条件不佳、饲养管理不当等多种因素。

当子宫内膜受到这些病原体的侵袭时，会触发机体的免疫反应，导致局部组织充血、水肿，并分泌大量的炎性渗出物。这些炎性变化不仅破坏了子宫内膜的正常结构和功能，还严重影响了奶牛的生殖健康。具体表现为发情周期紊乱、受胎率下降、流产率增加以及不孕等问题，从而大大降低了奶牛的繁殖效率和经济价值。所以，为了有效预防和治疗奶牛子宫内膜炎，必须采取全方位的策略，涵盖提升饲养管理水平以及优化环境卫生状况、提高分娩过程的卫生标准以及及时诊断和治疗等，以确保奶牛的健康和生产性能。

二、症状表现

（一）急性子宫内膜炎

首先，病牛的体温会显著升高，这通常是由于体内炎症反应剧烈，白细胞增多，试图抵抗感染所导致的。同时，病牛的精神状态变得沉郁，对周围环境的反应减弱，表现出明显的疲惫和不适。食欲也随之减退，可能是因为身体正集中精力对抗感染，减少了对其他非必需生理活动的投入。

除了全身症状，病牛还会出现生殖道方面的特异性症状。它们常常表现出努责行为，即频繁地尝试排便或排尿的动作，但实际上并无排泄物排出，这可能是因为子宫内的炎症刺激导致的不适感。从阴道排出的分泌物显著增加，这些分泌物通常带有强烈的腥味，质地可以是黏液性的，也可以是脓性的，颜色可能呈现为白色、灰白色或黄褐色，有时这些分泌物中还可见到絮状物或胎衣碎片，这些都是子宫内膜炎症反应的直接产物。在进行直肠检查时，兽医可以进一步确认子宫内膜炎的诊断。他们通常会发现子宫角增大，触感柔软但伴有压痛，这表示子宫内部存在炎症和充血。同时，子宫的收缩反应减弱，这可能是由于炎症导致的子宫收缩能力下降，进一步影响了奶牛的繁殖性能。这些检查结果为子宫内膜炎的诊断提供了重要的依据，也为后续的治疗提供了方向。

（二）慢性子宫内膜炎

奶牛患病情缓和的子宫内膜炎时，虽临床表现不如急性病例显著，但对生殖健康影响严重。病牛体温、食欲等生理指标可能无明显变化，导致早期发现困难。然而，它们会展现出一些生殖道特异性症状，如阴道分泌物量和性质的变化，这些分泌物多为稀薄、灰白色或稍带黄色的黏液，有时呈脓性，影响奶牛舒适度，并可能促进病原体扩散。

此外，病牛发情周期紊乱，可能由子宫内膜炎症导致的激素水平异常引起，直接影响配种和受孕成功率，增加屡配不孕的风险。即使成功受孕，早期胚胎死亡或流产几率也增加，对奶牛养殖业造成巨大损失。

直肠检查时，兽医可能发现子宫壁增厚、轻微压痛，子宫壁充血水肿，子宫收缩反应不良，进一步影响繁殖性能。

因此，奶牛养殖业者应高度重视子宫内膜炎的预防和治疗，通过加强饲养管理、改善环境卫生、及时诊断和治疗等措施降低发病率和危害程度。这些措施对于维护奶牛健康、提高繁殖效率、减少经济损失至关重要。只有全面加强防控，才能确保奶牛养殖业可持续发展。

三、病因

(一) 微生物感染

1. 细菌感染

子宫内膜炎是奶牛产后常见繁殖障碍，由多种致病菌如大肠杆菌、链球菌、葡萄球菌和棒状杆菌等引起。这些细菌在自然界广泛存在，但在难产、胎衣不下或产道损伤等特定条件下，易侵入奶牛子宫内膜并大量繁殖，释放毒素引发炎症反应，破坏子宫内膜结构和功能。

以大肠杆菌为例，它能在奶牛产后恶露排出不畅或子宫弛缓时迅速增殖，释放内、外毒素，损害子宫内膜细胞并干扰子宫正常生理功能。

为预防和治疗奶牛子宫内膜炎，需重视致病菌防控，加强饲养管理、环境卫生和分娩卫生标准，及时诊断和治疗。对发病奶牛，应采取针对性治疗措施，清除子宫内致病菌，恢复子宫内膜结构和功能，提高繁殖效率和经济价值。只有全面加强防控，才能确保奶牛健康，保障奶牛养殖业的可持续发展。

2. 真菌感染

奶牛子宫内膜炎的致病菌不仅包括大肠杆菌、链球菌等常见细菌，还有念珠菌、毛霉菌等真菌类病原体。这些真菌在奶牛机体抵抗力下降、长期使用抗生素或子宫内环境改变时易引发感染。产后虚弱、营养不良或应激反应都可能导致奶牛机体抵抗力下降,为真菌提供侵入机会。抗生素的滥用也会破坏奶牛体内微生态平衡,使得真菌得以大量繁殖。此外,分娩过程中的产道损伤、胎衣不下或产后恶露排出不畅等,也会改变子宫内环境,利于真菌的滋生。

真菌感染后,奶牛会出现发情周期异常、交配不孕及胚胎早期夭折或流产等症状。为预防和治疗奶牛子宫内膜炎中的真菌感染,应加强饲养管理、改善环境卫生、提高分娩卫生标准,并合理使用抗生素,避免菌群失调。对于已感染的奶牛,需采取针对性的治疗措施,如使用抗真菌药物,以清除子宫内真菌,恢复子宫内膜的正常结构和功能,保障奶牛健康和生产效益。

3. 混合感染

在奶牛子宫内膜炎的发病过程中,多种微生物同时感染的情况较为常见。这些微生物不仅包括细菌、真菌,还可能包括病毒等其他类型的病原体。它们之间相互作用,形成一个复杂的微生物群落,共同对子宫内膜造成损害。这些微生物在子宫内滋生并释放毒素,不仅直接破坏子宫内膜的正常结构和功能,还会相互协同作用,加重炎症反应,导致奶牛出现更为严重的临床症状。因此,在治疗奶牛子宫内膜炎时,需要综合考虑多种微生物的感染情况,采取针对性的治疗措施,以有效控制病情的发展。

(二) 分娩因素

1. 难产和助产不当

在奶牛分娩过程中,难产是一个常见且严重的问题。难产时,胎儿对子宫的过度压迫和摩擦,不仅会导致子宫肌肉的疲劳和损伤,还会破坏子宫内膜的完整性,使其变得脆弱并易于受到病原体的感染。此外,在助产过程中,如果使用了未经严格消毒的助产器械,如产科钳、产科钩等,这些器械上的细菌、真菌等微生物就会直接带入子宫内,进一步增加感染的风险。

当子宫内膜的完整性被破坏后,其屏障功能就会减弱,使得病原体更容易侵入并滋生。同时,受损的子宫内膜也更难以抵抗病原体的侵袭和繁殖，从而加重炎症反应，延长病程，甚至导致奶牛出现严重的并发症，如子宫积脓、子宫穿孔等。在奶牛分娩过程中，应尽量避免难产的发生，并严格消毒助产器械，以减少对子宫的损伤和感染的风险。

2. 胎衣不下

当胎衣长时间滞留在子宫内部未能及时排出时，其会逐渐开始腐败并分解。这一过程中，会滋生大量的有害细菌，这些细菌不仅数量庞大，种类也繁多，它们会迅速占据子宫内的环境，引发严重的炎症反应。同时，胎衣的滞留还会对子宫的正常收缩功能产生不良影响，干扰子宫的复旧过程。子宫无法有效收缩和恢复，会导致炎症更容易在子宫内部及周围区域扩散，进一步加剧病情的严重程度。

（三）卫生管理因素

1. 产房卫生差

产房环境如果不保持清洁，将会成为一个潜在的微生物繁殖温床，其中存在大量的细菌、病毒及其他各种污染物。这些微生物不仅数量惊人，而且种类繁多，它们通过各种途径在产房内传播，增加了动物感染疾病的风险。

如果产房的垫料未能及时更换，就会成为细菌和病毒滋生的温床。垫料长时间使用后会吸收大量的尿液、粪便和其他分泌物，这些物质为微生物提供了丰富的营养来源，使它们得以迅速繁殖。同时，粪便的堆积也是一个严重的卫生问题。粪便中不仅含有大量有害细菌，还可能携带病毒和寄生虫卵，对产房内的动物或妊娠母牛构成直接威胁。

当垫料和粪便未能及时清理时，微生物的传播机会就会大大增加。它们可以通过空气传播，附着在尘埃颗粒上被吸入呼吸道；也可以通过接触传播，如动物或人员踩踏到受污染的垫料或粪便后，再将病原体带到其他区域或个体上。这种传播方式不仅会导致交叉感染，还可能引发严重的疫情暴发。

2. 人工授精操作不规范

如果输精器械的消毒工作不彻底，或者操作人员的专业技术不够熟练，都可能会成为将细菌病原体带入子宫的潜在风险点。输精器械在未经严格消毒的情况下使用，其表面可能残留有大量的细菌、病毒等微生物，这些微生物会随着精液一起被注入子宫内，从而引发感染。同时，如果操作人员技术不熟练，可能会在操作过程中对子宫造成损伤，为微生物的入侵提供可乘之机。

第三节 子宫颈炎

一、概述

子宫颈炎是奶牛生殖系统炎症中较为常见的一种，它主要是由于子宫颈黏膜遭受物理性损伤或受到细菌、病毒等病原体的感染而引发的炎症反应。当子宫颈黏膜受到损伤时，其屏障功能会减弱，使得病原体更容易侵入并引发感染。一旦子宫颈发生炎症，不仅会导致黏膜充血、水肿、分泌物增多等症状，还可能影响精子的顺利通过，降低受精的成功率。

此外，子宫颈炎还会对奶牛生殖系统的正常生理功能产生不利影响，如干扰子宫的正常收缩和复旧，影响胚胎的正常着床和发育等。这些都会直接对奶牛的繁殖性能造成负面影响，导致繁殖率下降、不孕率上升等问题。因此，及时诊断和治疗子宫颈炎，对于维护奶牛的健康和繁殖性能具有重要意义。

二、症状表现

（一）急性子宫颈炎

病牛在患有子宫颈炎时，会表现出明显的不适和烦躁情绪，它们常常频繁地做出排尿的姿势，尽管实际上并没有尿液排出，这可能是因为子宫颈的炎症刺激了与之相邻的泌尿系统，引发了病牛的这种异常行为。

进行阴道检查时，可以清晰地观察到子宫颈口呈现出红肿和充血的状态，这是炎症反应的典型表现。同时，从子宫颈口会流出脓性黏液分泌物，这些分泌物可能呈现为浑浊的、带有异味的液体，有时还可能夹杂着血丝，这表明子宫颈黏膜已经受到了损伤，并且有出血的情况发生。当兽医对子宫颈进行触诊时，病牛会表现出明显的疼痛反应，它们可能会突然收缩腹部肌肉，试图躲避检查，或者发出痛苦的叫声，这都是子宫颈炎导致子宫颈敏感度增加的直接体现。这些临床症状不仅揭示了子宫颈炎的存在，也为兽医提供了制订治疗方案的依据。

（二）慢性子宫颈炎

当奶牛子宫颈炎的症状相对较轻时，虽然可能不会表现出剧烈的疼痛或明显的脓性分泌物，但仍然会对奶牛的生殖健康造成一定的影响。在这种情况下，子宫颈黏膜可能会出现增厚和变硬的现象，长期的慢性炎症刺激易引发黏膜组织的病理性变化。

此外，有时在子宫颈口可以观察到少量的黏性分泌物，这些分泌物通常较为清澈，但可能带有一定的异味，这也是子宫颈炎存在的标志之一。这些分泌物有可能在一定程度上对精子的顺利通过构成障碍，进而降低受孕的成功几率。随着病情的进一步发展，子宫颈还可能出现不同程度的肥大或息肉样增生。肥大是由于长期的炎症刺激导致子宫颈组织增生所致，而息肉样增生则可能是局部黏膜组织过度增生并突向子宫颈口的结果。这些病理性的改变不仅会使子宫颈的形态发生异常，还可能进一步影响精子进入子宫的通道，导致奶牛受孕困难，甚至引发不孕等问题。

即使子宫颈炎的症状相对较轻，也不应忽视其潜在的危害，而应及时进行诊断和治疗，以避免病情进一步发展对奶牛的生殖健康造成更大的影响。

三、病因

（一）分娩损伤

1. 胎儿通过产道时的机械损伤

奶牛分娩时，胎儿通过子宫颈是关键环节，但也存在风险。胎儿体型大、胎位不正或分娩过猛都可能对子宫颈黏膜造成物理性损伤，如擦伤、撕裂。这些损伤不仅直接破坏黏膜，还削弱子宫颈的防御屏障功能。子宫颈黏膜是阻止外界病原体侵入子宫的重要生理屏障。一旦受损，细菌等病原体便有机会侵入并繁殖，引发子宫颈炎等感染性疾病。

因此，分娩时需密切监控胎儿通过子宫颈的情况，尽量减少对子宫颈黏膜的损伤。一旦发生损伤，应迅速妥善处理，防止病原体侵入。重视分娩过程中的子宫颈保护，及时治疗和预防损伤，是确保奶牛分娩后生殖健康、提高繁殖效率的关键。

2. 助产操作不当

在奶牛的助产过程中，兽医或助产人员有时需要采取一些辅助手段来帮助胎儿顺利娩出。然而，如果在这个过程中操作不当，尤其是在牵拉、扩张子宫颈等环节上处理不当时，很可能会对子宫颈造成更为严重的损伤。以牵拉胎儿为例，如果助产人员使用暴力或过度用力地牵拉胎儿，这不仅会增加胎儿的娩出难度，还可能导致子宫颈受到过度的牵拉力，从而造成子宫颈过度扩张或撕裂。这种过度的物理刺激会严重破坏子宫颈黏膜及其下层组织的完整性，使子宫颈的防御功能大打折扣，为细菌等病原体的侵入提供了便利条件。

同样地，在扩张子宫颈时，如果操作不当或过度扩张，也会对子宫颈造成损伤。比如，使用扩张器时力度过大、速度过快，或者没有充分润滑就进行扩张等操作，都可能使子宫颈黏膜受到摩擦和挤压，进而引发黏膜的破损和出血。这些损伤同样会削弱子宫颈的防御能力，增加感染的风险。因此，在助产过程中，兽医或助产人员必须严格遵守操作规程，确保每一步操作都精准、轻柔且适度。对于牵拉、扩张子宫颈等关键环节，更要格外小心谨慎，避免使用暴力或过度扩张等不当操作。只有这样，才能最大限度地保护子宫颈的完整性，减少损伤和感染的风险，确保奶牛在助产过程中的安全和健康。

(二) 感染因素

1. 上行性感染

奶牛养殖中，子宫内膜炎和阴道炎等生殖道下部炎症是影响繁殖性能和健康的关键。这些炎症通常由多种病原体感染引起，导致充血、水肿、渗出等病理变化，产生大量炎性分泌物。这些分泌物可能逆流至子宫颈，为其上病原体提供繁殖环境，进而引发子宫颈炎。

阴道炎也是常见威胁，由致病微生物感染导致阴道黏膜充血、水肿、分泌物增多，严重时产生脓性分泌物。阴道与子宫颈紧密相连，脓性分泌物易污染子宫颈，加重子宫颈炎病情。

生殖道下部炎症往往相互影响、协同作用，使治疗更加复杂。因此，奶牛养殖中必须高度重视生殖系统健康管理，及时发现并治疗子宫内膜炎、阴道炎等炎症问题，防止其蔓延至子宫颈和其他生殖器官。

加强生殖系统健康管理，是确保奶牛健康和繁殖性能的重要措施，也是奶牛养殖业可持续发展的关键。只有做好炎症的预防和治疗，才能保障奶牛的健康和生产效益。

2. 外源性感染

奶牛生殖管理操作中，器械和人员消毒至关重要。阴道检查、配种等操作时，若消毒不当，外界病原体易接触子宫颈并引发感染。阴道开张器、输精管等器械使用前需严格消毒，避免残留病原体。配种人员手部也需彻底消毒，并保持个人卫生。使用不干净精液同样存在感染风险。

为确保奶牛生殖系统健康，必须严格执行消毒制度，每次使用器械前确保消毒彻底，并遵循正确方法。配种人员须养成良好卫生习惯，操作前手部消毒。

通过这些措施，可有效降低病原体接触子宫颈并引发感染的风险，保障奶牛健康和繁殖性能，确保奶牛养殖业可持续发展。

(三) 化学刺激

阴道内用药不当

治疗奶牛阴道炎时，药物选择、浓度及用药时间均须谨慎。不当治疗，如高浓度消毒剂冲洗，虽看似有效，实则风险大。高浓度消毒剂具强烈化学刺激性，易损伤阴道黏膜，严重时可伤及子宫颈，致其充血、水肿、破坏菌群平衡，降低防御力，增加感染风险。

除消毒剂外,其他强刺激性药物或长疗程治疗亦可能伤子宫颈,如高浓度抗生素、抗菌药物或不当物理疗法。

治疗时,应严格遵循兽医指导,科学选药、控浓度、定时用药。密切观察奶牛反应,发现异常(分泌物增多、颜色异味等)即停治并求医。

合理治疗,既可除病,又可保护子宫颈,维护奶牛健康与繁殖性能。治疗过程中,务必小心谨慎,避免药物对子宫颈造成潜在伤害,确保奶牛养殖业可持续发展。总之,科学治疗,细心观察,是保护奶牛生殖健康的关键。

第四节 输卵管炎

一、概述

输卵管炎对奶牛繁殖性能影响显著。作为连接卵巢和子宫的关键通道,输卵管在生殖过程中至关重要。输卵管炎通常由病原体感染引起,可破坏输卵管黏膜结构,引发充血、水肿等病理变化,导致管腔狭窄或阻塞。

精子难以进入输卵管与卵子结合,受精卵也无法顺利运输至子宫着床发育。此外,输卵管炎还可能导致蠕动功能减弱或丧失,影响受精卵的正常运输。

炎症引发的输卵管功能异常,如蠕动波减弱,会导致受精卵滞留或运动缓慢,增加早期胚胎死亡和异位妊娠风险。

因此,输卵管炎不仅干扰精子与卵子的结合、受精卵的运输,还影响胚胎的早期发育,对奶牛繁殖性能构成严重威胁。及时诊断和治疗输卵管炎,是维护奶牛健康和提高繁殖效率的关键。

二、症状表现

(一) 急性输卵管炎

病牛患输卵管炎时，常出现体温升高、精神不振、食欲减退等全身性症状。由于炎症反应，奶牛可能显得慵懒，对食物兴趣降低。此外，奶牛可能感到一侧或双侧下腹部疼痛，表现为不安、频繁换卧位、努责等异常行为，以缓解不适。阴道可能排出少量脓性分泌物，颜色因病原体和感染程度而异。体格检查时，输卵管部位可能有压痛，表明周围组织肿胀充血。若炎症加重形成输卵管积脓，触诊可摸到增粗的输卵管，这种严重体征表明输卵管结构受损。

输卵管炎不仅影响奶牛健康，还干扰其正常生理功能，如精子与卵子结合、受精卵运输等，进而影响繁殖性能。

(二) 慢性输卵管炎

慢性输卵管炎作为奶牛生殖系统的一种隐匿性炎症，其临床表现往往不如急性输卵管炎那样明显和剧烈，但这并不意味着它对奶牛健康和生产性能的影响可以忽略不计。相反，慢性输卵管炎因其长期性和隐匿性，往往对奶牛的繁殖性能造成更为深远的影响。

首先，慢性输卵管炎多无明显的全身性表现，如体温升高、精神状态不佳或食欲减少等情况，这使得养殖者难以通过外部观察及时发现病情。然而，这并不意味着奶牛完全处于健康状态。事实上，慢性输卵管炎往往伴随着不同程度的繁殖障碍，这是其最为显著和重要的临床表现。

其次，在繁殖障碍方面，慢性输卵管炎可能导致奶牛长期不发情或发情周期紊乱。正常情况下，奶牛的发情周期是规律且可预测的，这对于养殖者来说至关重要，因为它们可以根据发情周期来安排配种计划。然而，当奶牛患上慢性输卵管炎时，其发情周期可能会变得不规律，甚至完全停止发情，这使得养殖者难以准确判断最佳的配种时机。

再次，慢性输卵管炎还可能导致奶牛屡配不孕。即使奶牛在发情期间接受了配种，但由于输卵管功能受损，精子和卵子可能难以相遇，或者即使相遇了，受精卵也可能无法正常运输至子宫进行着床和发育。这种情况下，奶牛即使多次配种也无法成功受孕，给养殖者带来了巨大的经济损失。

最后，更为严重的是，慢性输卵管炎还可能引发早期胚胎死亡或宫外孕等严重后果。由于输卵管功能受损，受精卵在运输过程中可能受到各种不利因素的影响，如缺氧、营养不足或毒素侵袭等，从而导致早期胚胎死亡。虽然奶牛宫外孕的情况相对较为罕见，但一旦发生，将对奶牛的生命安全构成严重威胁。

三、病因

（一）感染途径

1. 上行性感染

在奶牛养殖中，子宫或阴道内的病原体是导致慢性输卵管炎的主要原因之一。这些病原体（如大肠杆菌、支原体等）常常利用生殖道黏膜作为传播路径，沿着生殖道向上蔓延。当奶牛患有子宫内膜炎或子宫颈炎等生殖系统炎症时，如果未能得到及时有效的治疗，病原体就有可能通过输卵管开口这一薄弱环节侵入输卵管内部。一旦病原体在输卵管内定殖并繁殖，就会引发炎症反应，破坏输卵管黏膜的正常结构和功能，进而影响输卵管的正常生理活动，如精子与卵子的结合、受精卵的运输等。

2. 血源性感染

在奶牛养殖实践中，全身性感染性疾病如败血症，对奶牛生殖系统的健康构成了严重威胁。当奶牛患有败血症时，病原体（如细菌、病毒等）会在血液中大量繁殖并循环至全身各处。由于输卵管具有丰富的微血管网，这些病原体有可能随着血液循环到达输卵管微血管。在微血管内，病原体会不断增殖并寻找机会突破血管壁，进入输卵管组织内部。一旦进入输卵管组织，病原体就会引发炎症反应，损害输卵管黏膜的结构和功能完整性，导致输卵管炎的发生。

(二) 生殖系统疾病关联

1. 卵巢疾病影响

卵巢作为生殖系统的重要组成部分，其健康状况直接影响着输卵管的功能和抵抗力。卵巢囊肿、卵巢炎等卵巢疾病不仅会影响卵巢自身的正常生理功能，如激素分泌和卵子发育，还可能对输卵管产生间接的不利影响。

具体来说，卵巢囊肿、卵巢炎等疾病可能导致输卵管局部血液循环障碍，使得输卵管黏膜得不到充足的营养和氧气供应，从而降低了输卵管对病原体的抵抗力。这种抵抗力下降使得输卵管更容易受到细菌、病毒等病原体的侵袭，进而引发输卵管炎等炎症性疾病。

卵巢病变产生的炎症渗出物也是污染输卵管的重要因素之一。例如，当卵巢囊肿破裂时，囊液中的炎性物质、细胞碎片等可能流入输卵管，与输卵管黏膜直接接触，从而引发炎症反应。这种炎症反应不仅会导致输卵管黏膜的充血、水肿和渗出等病理变化，还可能破坏输卵管的正常结构和功能，影响精子和卵子的结合及受精卵的运输。

2. 子宫疾病蔓延

在奶牛生殖系统的疾病中，子宫的严重病变，特别是子宫积脓，对输卵管的影响不容忽视。子宫积脓是指子宫内积聚大量脓性分泌物，这种情况通常发生在子宫受到感染且未能得到及时治疗时。脓性分泌物中含有大量的病原体、炎症细胞和坏死组织，它们不仅会对子宫本身造成严重的损害，还可能通过特定的途径影响输卵管。

具体来说，当子宫积脓达到一定程度时，子宫内的压力会升高，脓性分泌物有可能通过输卵管开口逆流进入输卵管。这种逆流现象不仅会将脓性分泌物中的病原体直接带入输卵管，还会对输卵管黏膜造成直接的物理和化学刺激，引发黏膜的炎症反应。这种炎症反应会导致输卵管黏膜的充血、水肿、渗出等病理变化，严重时还可能破坏输卵管的正常结构和功能。

对于子宫积脓等子宫严重病变，必须及时采取有效的治疗措施，以防止炎症扩散至输卵管，保护奶牛生殖系统的整体健康。这包括使用适当的抗生素进行抗感染治疗，以及通过手术等方式清除子宫内的脓性分泌物，降低子宫内的压力，防止脓性分泌物的逆流。

（三）其他因素（手术或操作损伤等）

在奶牛养殖实践中，有时需要对奶牛的生殖系统进行手术干预或进行人工授精等操作，以治疗疾病或提高繁殖效率。然而，这些操作如果未能得到正确执行，可能会对奶牛输卵管造成损伤，进而为病原体的侵入提供可乘之机。

以输卵管疏通术为例，这是一项旨在恢复输卵管通畅性的手术。然而，如果手术过程中操作不当，如手术器械使用不当、手术技巧不熟练或手术时机选择不当等，都可能导致输卵管黏膜损伤。这种损伤不仅会使输卵管变得脆弱，降低其对病原体的抵抗力，还可能为病原体提供一个直接进入输卵管内部的通道。

同样地，多次进行人工授精操作也可能对输卵管造成损伤。如果人工授精过程中操作粗暴，如插入授精器械时力度过大或角度不当，就可能损伤输卵管伞端。输卵管伞端是卵子进入输卵管的门户，也是受精卵从输卵管返回子宫的必经之路。一旦伞端受损，不仅会影响卵子的收集和受精卵的运输，还可能使输卵管更容易受到病原体的侵袭。

因此，在进行生殖系统手术或在进行人工授精等操作时，遵循严格的操作流程和规范，确保操作正确、轻柔且无菌。同时，养殖者还应加强对奶牛生殖系统的日常观察和护理，及时发现并处理异常情况，以降低输卵管损伤和病原体侵入的风险。

第五节 繁殖免疫障碍

一、概述

繁殖免疫障碍是奶牛生殖系统疾病的一种，源于免疫系统异常反应。正常情况下，奶牛免疫系统能识别并清除外来病原体，同时保持对自身组织耐受。但繁殖免疫障碍时，免疫系统会对生殖相关抗原产生不适当免疫反应。

这种反应包括抗体介导和细胞介导的免疫攻击，前者产生特异性抗体干扰生殖细胞发育和功能，后者激活免疫细胞直接攻击生殖细胞或组织，导致生殖细胞死亡或组织损伤。繁殖免疫障碍对奶牛繁殖性能影响严重，可导致生殖细胞发育异常、卵子或精子质量下降，影响受精成功率。同时，它还会干扰胚胎正常发育，导致早期死亡或发育异常，影响生殖激素分泌和调节，使发情周期紊乱，降低繁殖效率。对繁殖免疫障碍奶牛，需深入诊断和治疗。通过血液检测等手段确定异常免疫反应，调整饲养管理、使用免疫抑制剂或免疫治疗恢复繁殖功能。同时，养殖者应加强对奶牛免疫系统的监测和管理，及时发现并处理潜在因素。

总之，繁殖免疫障碍严重影响奶牛繁殖性能，需及时诊断和治疗，并加强免疫系统监测和管理，确保奶牛的健康和生产效益。

二、症状表现

（一）抗精子抗体相关问题

繁殖免疫障碍在奶牛中常表现为一种隐蔽而复杂的症状模式，其中最典型的表现之一是发情正常但屡配不孕。这意味着奶牛在发情期间表现出正常的发情行为和体征，如接受爬跨、外阴部肿胀和潮红等，然而，尽管进行了多次配种，奶牛却未能成功受孕。

在这种情况下，对公牛精液进行常规检查可能并不会发现明显的异常。精液的外观、精子浓度和精子形态等指标可能都在正常范围内。然而，当精子进入母牛生殖道后，其存活时间和活力却会受到影响。由于免疫系统的异常反应，母牛生殖道内的环境可能变得对精子不利，导致精子在母牛生殖道内的存活时间缩短，活力降低，进而使得精子的受精能力受损。

这种受精能力的受损可能源于多种机制。一方面，免疫系统的异常反应可能产生针对精子的特异性抗体，这些抗体能够与精子表面的某些成分结合，干扰精子的正常功能，如运动能力和受精能力。另一方面，免疫系统的异常反应还可能影响母牛生殖道内的微环境，如改变生殖道内的pH值、离子浓度和代谢产物的种类等，这些变化都可能对精子的存活和活力产生不利影响。

对于发情正常但屡配不孕的奶牛，除了进行常规的精液检查外，还需要进行更深入的诊断，以排除繁殖免疫障碍等潜在原因。这包括检测母牛生殖道内的免疫抗体水平、评估生殖道微环境的变化以及进行必要的免疫学治疗等。通过这些措施，可以帮助奶牛恢复正常的繁殖功能，提高繁殖效率。

（二）自身免疫性卵巢炎等情况

繁殖免疫障碍在奶牛群体中还可能引发一系列发情周期相关的紊乱症状，这些症状对奶牛的繁殖性能和整体健康构成了严重威胁。发情周期是奶牛生殖系统正常运作的重要标志，它受到HPO轴的精细调控。然而，当奶牛遭受繁殖免疫障碍时，这一调控机制可能会受到干扰，导致发情周期出现紊乱。

发情周期紊乱可能表现为多种形式，如发情间隔的延长、完全不发情或发情表现异常。发情间隔的延长意味着奶牛在两次发情之间的时间超过了正常范围，这可能是由于卵巢功能受到抑制，导致卵泡发育缓慢或停滞。完全不发情则更为严重，它表明奶牛的生殖系统可能已经处于完全停滞的状态，无法产生正常的发情反应。发情表现异常则可能包括发情行为的减弱、外阴部肿胀和潮红程度不足等，这些症状都可能导致养殖者错过最佳的配种时机。

卵巢功能受到繁殖免疫障碍的影响，可能出现卵泡发育不良和排卵异常等问题。卵泡是卵巢中产生卵子的结构，其正常发育对于成功受孕至关重要。然而，在繁殖免疫障碍的情况下，卵泡可能无法正常发育，导致卵子质量下降或数量减少。排卵异常则可能表现为排卵时间的不确定或排卵过程的障碍，这都会降低受孕的成功率。通过直肠检查，养殖者可以进一步了解奶牛卵巢的状态。在繁殖免疫障碍的情况下，卵巢的大小、质地和形状等可能出现异常变化。例如，卵巢可能变得肿大或萎缩，质地可能变得坚硬或松软，这些变化都可能反映卵巢功能的异常。此外，直肠检查还可以帮助养殖者发现卵巢上是否存在异常的囊肿或结节等病变，这些病变都可能会对奶牛的生育能力造成不良效应。

对于出现发情周期紊乱、卵巢功能异常的奶牛，养殖者应及时进行详细的检查和诊断，以明确是否存在繁殖免疫障碍等潜在问题。同时，根据具体情况制定个性化的治疗方案，以恢复奶牛的正常繁殖功能，提高繁殖效率。

（三）免疫调节异常影响胚胎发育

即使奶牛成功受精，也可能面临胚胎着床率低、早期胚胎死亡率高以及隐性流产等问题。这些问题不仅导致奶牛繁殖效率的大幅下降，还可能对奶牛的整体健康状况产生不良影响。

胚胎着床是受精卵在子宫内稳定生长并开始发育的关键过程。然而，在繁殖免疫障碍的情况下，母牛体内的免疫系统可能对胚胎产生异常反应，导致胚胎着床困难。这种异常反应可能源于免疫细胞对胚胎的误识别，产生针对胚胎的特异性抗体，从而干扰胚胎与子宫内膜的正常相互作用。因此，即使受精卵成功形成，也可能因为着床失败而无法继续发育。

早期胚胎死亡率高是繁殖免疫障碍的另一个严重后果。在胚胎发育的早期阶段，胚胎对母体内环境的变化非常敏感。如果母牛存在繁殖免疫障碍，其体内的免疫系统和代谢环境可能变得不稳定，对胚胎产生不利影响。这可能导致胚胎发育异常，如细胞分裂障碍、生长停滞等，最终导致胚胎死亡。

隐性流产是繁殖免疫障碍中较为常见的一种临床表现。隐性流产是指胚胎在子宫内死亡后，母牛并未表现出明显的流产症状，如阴道出血、腹痛等。这种情况下，母牛可能仅在返情时间异常时才被怀疑存在繁殖问题。返情时间异常是指母牛在应该再次发情的时间点并未表现出发情行为，这通常是由于前一次发情周期中胚胎着床失败或早期胚胎死亡导致的。对于存在繁殖免疫障碍的奶牛，养殖者需要保持高度警惕，密切观察其发情周期、配种情况和返情时间等关键指标。同时，通过定期进行 B 超检查等手段，及时发现并处理任何异常的胚胎发育情况。此外，根据具体情况制定个性化的治疗方案，如调整饲养管理、使用免疫抑制剂或进行免疫治疗等，以改善奶牛的繁殖性能，降低早期胚胎死亡率和隐性流产的风险。

三、病因

(一) 自身免疫因素

1. 抗精子抗体产生

在奶牛养殖中，生殖道黏膜屏障的健康至关重要。一旦生殖道黏膜屏障受损，如因炎症（如阴道炎、子宫颈炎等）或物理损伤，精子在进入生殖道后可能面临被免疫系统异常识别的风险。这些被错误识别为外来抗原的精子，会触发免疫系统的反应，产生抗精子抗体。这些抗体一旦与精子结合，会严重影响精子的活力，使其运动能力下降，甚至丧失受精能力。同时，生殖道局部的免疫环境也会因炎症而改变，进一步影响精子的存活和受精过程。因此，保持奶牛生殖道黏膜屏障的完整性，预防和治疗生殖道炎症，对于提高奶牛的繁殖性能至关重要。

2. 自身免疫性卵巢炎

在奶牛繁殖健康领域，一种令人担忧的情况是自身免疫系统错误地攻击卵巢组织。这种异常免疫反应可能源于遗传因素，即奶牛天生存在免疫耐受机制的缺陷，或者由某些未知的触发因素（如环境污染物、应激因素等）破坏了正常的免疫耐受平衡。当这种情况发生时，T淋巴细胞和B淋巴细胞等免疫细胞会对卵巢内的自身抗原产生异常的免疫反应，导致卵巢组织受损。这种损伤不仅会影响卵巢的正常功能，如卵泡的发育和排卵过程，还会干扰生殖激素的分泌和调节，进而对奶牛的繁殖性能产生更深远的负面影响。

(二) 免疫调节异常

1. 内分泌-免疫相互作用失衡

应激因素和内分泌失调常常是影响奶牛免疫系统功能的重要因素。应激如高温、寒冷、运输、疾病等，能够影响免疫细胞的正常功能和免疫因子的分泌。同时，生殖激素如雌激素、孕激素等水平的变化，也会对免疫细胞上的激素受体表达产生影响，从而改变免疫细胞的活性。这种改变可能导致免疫细胞对生殖相关抗原的反应性增强或减弱，打破生殖免疫平衡。当生殖免疫平衡被打破时，奶牛可能面临更高的感染风险，同时繁殖性能也可能受到损害。因此，合理管理应激因素，维持生殖激素水平的稳定，对于保护奶牛免疫系统健康和提高繁殖性能具有重要意义。

2. 细胞因子异常分泌

细胞因子作为一类重要的生物活性分子，在生殖免疫系统中发挥着不可或缺的调节作用。它们不仅参与免疫细胞的活化、增殖和分化，还影响生殖细胞的功能和生殖激素的分泌。然而，当奶牛面临感染、炎症或应激等不利因素时，体内的白细胞介素、干扰素等细胞因子可能会出现异常分泌。特别是炎症性细胞因子，如白细胞介素-1，其过度分泌会严重干扰生殖系统的正常功能。这些细胞因子可能通过影响子宫内膜的容受性，干扰受精卵的着床过程，导致着床失败或早期胚胎发育异常。此外，它们还可能影响胚胎的发育环境，如改变子宫内的营养供应和代谢状态，从而进一步影响胚胎的生长和发育。因此，维持细胞因子在生殖免疫中的正常调节，对于保障奶牛繁殖健康具有重要意义。

（三）感染与免疫反应

1. 病原体诱导的免疫损伤

生殖系统的病原体感染（如病毒和细菌），对奶牛繁殖健康构成了严重威胁。这些病原体不仅直接损害生殖器官的结构和功能，引发（如子宫内膜炎等）疾病，还通过激发免疫反应造成间接损伤。在感染过程中，炎症介质的释放和免疫细胞的活化是机体对抗病原体的重要手段，但同时也可能对生殖细胞和胚胎产生不利影响。

以牛病毒性腹泻病毒（BVDV）为例，该病毒感染后可引起子宫内膜炎，导致子宫内膜充血、水肿和炎性渗出。同时，BVDV 感染还可引发免疫细胞的活化，产生大量的抗体和免疫复合物。这些免疫复合物可能沉积在生殖器官（如子宫和卵巢），进一步加重生殖系统的损伤。此外，免疫细胞的过度活化还可能产生过多的炎性细胞因子（如白细胞介素和肿瘤坏死因子等），这些细胞因子对生殖细胞和胚胎具有直接的毒性作用，可干扰其正常发育和着床过程。因此，预防和控制生殖系统病原体感染，对于维护奶牛繁殖健康具有重要意义。

2. 疫苗接种反应

在奶牛养殖中，疫苗接种是预防疾病、提高动物健康水平的重要手段。然而，不当的疫苗接种或疫苗质量问题可能导致异常免疫反应，对奶牛的生殖免疫产生不良影响。

当疫苗抗原成分与奶牛生殖系统内的某些抗原存在相似性时，可能会引发交叉反应。这种交叉反应可能导致免疫细胞对生殖相关抗原的异常识别，进而产生过度的免疫反应。这不仅可能干扰生殖系统的正常功能，还可能影响生殖激素的分泌和调节，导致生殖内分泌失衡。

此外，某些疫苗接种后还可能引起奶牛出现发热、过敏等不良反应。这些不良反应可能进一步加剧免疫系统的紊乱，影响免疫细胞的正常功能和免疫因子的分泌。在极端情况下，这些不良反应甚至可能导致奶牛出现严重的健康问题（如流产、不孕等）。在奶牛养殖中，应严格遵循疫苗接种的规范和要求，选择质量可靠的疫苗产品。同时，在疫苗接种前应充分了解疫苗的成分和可能的不良反应，以便在接种后及时发现并处理任何异常情况。

第六节　先天性繁殖障碍

一、概述

先天性繁殖障碍是奶牛养殖业中一个不容忽视的问题，它指的是奶牛由于遗传因素导致的生殖器官发育异常或生殖功能缺陷。这些问题在奶牛出生时就已经存在，对其繁殖能力产生根本性的影响，常常导致奶牛无法正常繁殖。

具体来说，先天性繁殖障碍可能表现为多种症状，如生殖器官的结构异常、功能不全或缺失等。这些症状可能源于基因突变、染色体异常等遗传因素，导致奶牛在生殖细胞形成、发育和成熟等关键环节出现障碍。对于患有先天性繁殖障碍的奶牛，其繁殖性能通常受到严重影响。这些奶牛可能无法正常发情、排卵或受孕，即使成功受孕，也可能面临胚胎发育异常、流产或死胎等问题。这不仅导致奶牛养殖效益的下降，还可能对整个养殖场的生产计划和经济效益造成不利影响。

对于奶牛先天性繁殖障碍的预防和诊断至关重要。养殖者应在奶牛选育过程中注重遗传品质的选择，避免近亲繁殖和遗传疾病的传播。同时，定期对奶牛进行繁殖健康检查，及时发现并处理任何异常症状，以确保奶牛的健康和繁殖性能。

二、症状表现

（一）生殖器官畸形

先天性繁殖障碍在奶牛群体中并不罕见，其中一些常见的发育异常对奶牛的繁殖能力构成了严重威胁。子宫角缺失和子宫发育不全便是其中的典型代表。这些异常通常表现为子宫体积过小或形态异常，使得子宫无法为胚胎发育提供足够的空间和适宜的环境。

子宫角缺失意味着奶牛缺少了一个或多个子宫角，这直接导致了子宫容量的减少。而子宫发育不全则是指子宫在发育过程中未能达到正常的大小和形态，可能伴随着子宫壁的薄弱和功能的缺陷。这些异常通过直肠检查或在屠宰后解剖可以明确发现。患有这些异常的奶牛，其子宫内的环境往往无法满足胚胎发育的需求，从而导致胚胎发育异常、流产或死胎等问题。

阴道闭锁或狭窄是另一种常见的先天性繁殖障碍。这些异常可能导致发情时阴道内的分泌物无法正常排出，从而干扰了公牛的正常交配过程。同时，阴道的狭窄还可能阻碍精子的顺利进入生殖道，使得精子无法与卵子相遇并结合成受精卵。

输卵管畸形也是影响奶牛繁殖能力的重要因素之一。输卵管是卵子与精子相遇并结合，以及受精卵被输送至子宫的关键路径。然而，当输卵管存在过细、过短或扭曲等畸形时，其运输功能可能会受到严重影响。这可能导致卵子和精子无法顺利相遇并结合，或者受精卵在

第三章 常见繁殖障碍性疾病及其病因

运输过程中受到损伤而死亡。

(二) 性腺发育异常

先天性繁殖障碍中，卵巢发育不全是一种尤为严重的异常情况，它直接影响了奶牛的繁殖潜力。卵巢作为雌性动物生殖系统的核心部分，负责卵泡的发育、成熟以及排卵过程。然而，在卵巢发育不全的情况下，卵巢的体积往往偏小，质地偏硬，且缺乏正常的卵泡发育和排卵功能。

这种异常通常伴随着奶牛发情行为的缺失或异常。正常情况下，奶牛会在发情期间表现出特定的行为特征，如接受公牛爬跨、外阴部肿胀、阴道排出黏液等。然而，卵巢发育不全的奶牛由于无法形成成熟的卵泡，因此无法分泌足够的雌激素来触发这些发情行为。这导致它们无法被正确地识别为发情状态，进而无法进行人工授精或自然交配。

除了卵巢发育不全外，两性畸形也是另一种严重的先天性繁殖障碍。两性畸形是指动物在外观上可能同时具有雄性和雌性的生殖器官特征，而其内部生殖器官的发育则更为混乱。这种情况下，动物的性别往往难以确定，其繁殖功能也受到了极大的影响。两性畸形的奶牛可能无法形成正常的生殖细胞，或者其生殖细胞在发育过程中存在严重的缺陷，导致无法成功受孕或生产出健康的后代。

这些先天性繁殖障碍不仅影响了奶牛的繁殖性能，还对其整体健康状况产生了不利的影响。

三、病因

(一) 遗传因素

基因缺陷是导致奶牛先天性繁殖障碍的主要原因之一，它从根本上影响了奶牛的生殖器官发育和繁殖功能。在奶牛养殖业中，近亲繁殖是一个需要警惕的问题，因为它会显著增加隐性有害基因纯合的几率，从而导致生殖器官发育畸形、功能缺陷等一系列问题。

近亲繁殖导致的问题在奶牛品种中尤为明显。一些品种在长期近亲繁殖后，出现了先天性子宫发育不良等个体比例增加的现象。这不仅影响了奶牛的繁殖性能，还对整个品种的遗传健康构成了威胁。

除了近亲繁殖外，一些特定的基因突变也是导致先天性繁殖障碍的重要原因。这些基因在生殖器官的胚胎发育阶段起到了至关重要的调节作用，参与生殖器官的形成、细胞分化和组织发育等关键环节。当其发生突变时，就会导致生殖器官发育异常，出现各种先天性繁殖障碍。这些基因缺陷可能表现为多种形式的生殖器官异常，如卵巢发育不全、子宫角缺失、子宫发育不全、阴道闭锁或狭窄、输卵管畸形以及两性畸形等。这些异常不仅影响了奶牛的繁殖能力，还可能导致其整体健康状况的下降。

加强对奶牛繁殖健康的监测和管理，及时发现并处理任何异常症状。对于已经确诊患有先天性繁殖障碍的奶牛，应采取适当的处理措施，以减少对养殖场的经济损失和不良影响。此外，通过基因检测和遗传育种等手段，也可以有效预防和控制先天性繁殖障碍的发生，提高奶牛的繁殖性能和整体健康水平。

(二) 胚胎发育过程中的异常

在奶牛胚胎发育中，外界环境因素（如辐射、化学物质和病毒感染等）可能对其生殖器官发育产生深远影响。辐射能穿透母体，损伤胚胎细胞，破坏正常分裂和分化，导致生殖器官发育异常。化学物质（如农药、某些药物等）可能通过食物链或环境接触进入母体，对胚胎产生毒性，干扰其正常代谢和信号传导，导致发育畸形或功能缺陷。

病毒感染也是重要影响因素，一些病毒能穿越胎盘屏障，感染胚胎，破坏正常发育过程，导致生殖器官异常。

此外，母体营养状况和内分泌状态对胚胎生殖器官发育也有重要影响。营养缺乏（如维生素A不足），可能导致胎儿生殖器官上皮细胞发育异常，影响结构和功能。内分泌失调（如母体患甲状腺疾病等）也可能干扰胚胎生殖器官的正常发育。

因此，在奶牛养殖业中，应为怀孕母牛提供良好饲养环境和营养支持，避免接触有害辐射、化学物质和病毒等外界因素。同时，加强母体健康监测和管理，及时发现并处理可能影响胚胎发育的异常症状。通过这些措施，可以有效降低奶牛先天性繁殖障碍发生率，提高繁殖性能和整体健康水平，确保奶牛养殖业可持续发展。

第四章 诊断技术与评估方法

第一节 临床检查与病史记录

一、临床检查概述

(一) 目的

临床检查作为奶牛繁殖诊断不可或缺的基础环节，扮演着至关重要的角色。这一过程的核心目的，在于对奶牛生殖系统的健康状况与功能进行全面而细致的评估。借助一系列专业且系统的检查手段，我们能够敏锐捕捉到那些可能潜藏于奶牛体内的，对繁殖能力构成威胁的生理异常、病理变化或组织损伤。这些细致入微的发现，为后续的准确诊断奠定了坚实的基础，同时也为制订和实施科学合理的繁殖管理策略提供了宝贵的依据。临床检查能够精确判断奶牛的发情周期是否正常，生殖器官是否遭受了炎症的侵袭，或是存在其他类型的病变。这些关键信息的获取，对于提升奶牛的受孕成功率、有效减少繁殖过程中的种种障碍，具有不可估量的价值。因此，我们务必重视并不断优化奶牛的临床检查工作，以确保每一头奶牛都能享有最佳的繁殖健康状态。

(二) 准备工作

1. 人员培训与防护

执行奶牛繁殖诊断的临床检查，要求检查人员必须具备扎实的专业兽医背景，并接受过系统的培训，以深入理解奶牛生殖系统的复杂解剖结构和严谨的检查流程。在检查过程中,为确保检查的准确性和安全性,检查人员需严格遵守卫生规范,穿戴干净的工作服、一次性手套以及长靴,从而有效隔绝外界污染源,防止交叉感染的发生。这一系列严格的防护措施,不仅保护了奶牛的健康,也保障了检查工作的顺利进行,是提升诊断准确率和繁殖管理质量的重要一环。

2. 工具准备

在进行奶牛繁殖诊断的临床检查前,检查人员需确保已准备好一系列必要的检查工具,包括体温计、听诊器、叩诊锤等一般性的医疗检查工具,它们有助于评估奶牛的整体健康状况。此外,针对生殖系统检查的专用工具同样不可或缺(如阴道扩张器),用于观察阴道及子宫颈的情况;直肠检查手套与润滑剂,便于进行直肠检查,评估卵巢、子宫等器官的状态;以及照明设备(如头灯),为检查提供充足的光线,确保检查过程的清晰与准确。这些工具的准备与使用,是确保诊断质量与效率的重要基础。

二、病史记录的重要性与内容

(一) 重要性

1. 全面了解奶牛

病史记录对于奶牛而言,就如同其个人的"健康档案",详细记录了从奶牛出生直至当前的所有关键健康和繁殖信息。这份详尽的记录,为兽医在临床诊断时提供了宝贵的背景资料。通过仔细审阅病史,兽医能够清晰地了解到奶牛过去的疾病史、繁殖经历及饲养管理情况,从而有助于他们更深入地分析当前繁殖问题的根源。无论是先前的疾病影响、繁殖事件中的异常,还是饲养管理上的不足,都可能成为影响奶牛当前繁殖状态的重要因素。因此,病史记录的完整性和准确性,对于兽医做出准确诊断、制订有效治疗方案具有至关重要的作用。

2. 指导诊断与治疗

详细而准确的病史信息在奶牛繁殖诊断中发挥着至关重要的导向作用。它能够引导兽医在诊断过程中更加有的放矢地进行检查和分析，从而有效避免那些不必要或冗余的检查项目，既节省了时间，又减轻了奶牛的应激反应。更为关键的是，依据病史资料，兽医能够更精准地把握奶牛的健康状况和繁殖问题，进而为其量身定制个性化的治疗方案。这种针对性的治疗策略，不仅显著提高了治疗效果，还有助于加速奶牛的康复进程，最大限度地保障了奶牛的健康与繁殖效益。因此，详尽的病史记录是兽医进行高效、精准诊疗不可或缺的重要依据。

3. 长期繁殖管理依据

对于养殖场而言，积累并维护大量详尽的奶牛病史记录，其意义远不止于个体奶牛的健康管理。通过对这些病史数据进行系统的统计分析，养殖场能够清晰地洞察出常见的繁殖问题以及潜在的健康风险。这些宝贵的数据分析结果，为养殖场调整和优化整体的繁殖管理策略提供了坚实的科学依据。无论是营养配比的调整、疾病防控措施的加强，还是繁殖技术的革新，都能基于病史数据的指引，更加精准地实施，从而有效提升养殖场的繁殖效率和经济效益。因此，病史记录的统计分析，是养殖场实现繁殖管理科学化、精细化的关键一环。

(二) 内容

1. 基本信息

①在奶牛病史记录中，详尽地记录奶牛的基本信息至关重要。这些信息主要包括奶牛的唯一编号，以确保个体身份的准确无误；②奶牛的品种，因为不同品种的奶牛在生理结构、遗传特性上存在差异，影响着它们的繁殖性能和健康状况；③奶牛的出生日期，这有助于兽医评估奶牛的年龄，而年龄是判断奶牛繁殖阶段、预测繁殖问题的一个重要因素；④对于购入奶牛，购入日期同样重要，它关系到奶牛适应新环境的时间长短，以及可能存在的运输应激等问题。因此，奶牛编号、品种、出生日期及购入日期（针对购入奶牛）等信息，构成了识别奶牛个体、理解其繁殖特征的基础，为兽医制订精准有效的繁殖管理计划提供了不可或缺的参考依据。

2. 繁殖史

详细记录奶牛的发情、配种、妊娠及产犊情况对于管理其繁殖周期至关重要。发情周期是否规律，反映了奶牛内分泌系统的健康状况。配种日期和方式（人工授精或自然交配）决定了受精的成功率，人工授精时需记录精液来源，以确保遗传品质和健康。每次妊娠的起止时间，有助于监测孕期进展和预测分娩日期。若发生流产，需详细记录流产原因、时间和采取的处理措施，以预防未来类似事件的发生。产犊日期、犊牛性别和体重等信息，则提供了评估繁殖效果的重要数据。这些详尽的记录，为兽医制订和调整繁殖管理策略提供了科学依据，有助于提升奶牛场的生产效率和经济效益。

3. 疾病史

在奶牛的健康档案中，详细记录其患病历史，特别是生殖系统相关疾病（如子宫内膜炎、卵巢囊肿等），对于评估奶牛繁殖能力和制订治疗计划至关重要。需记录疾病的发生时间、具体症状（如分泌物异常、发情异常等），以及采用的诊断方法（如超声波检查、细菌培养等）。治疗措施（如药物治疗、手术干预等），及其效果也应详细记录。此外，全身性疾病（如乳腺炎、消化道疾病等），虽不直接关联生殖系统，但可能通过影响奶牛整体健康状况间接影响繁殖，同样需记录在案。这些详尽的疾病记录，有助于兽医全面评估奶牛健康状况，制订个性化的健康管理方案。

4. 免疫接种史

在奶牛病史记录中，详细记载疫苗名称、接种日期以及接种途径是至关重要的。这些信息直接反映了奶牛的免疫接种情况，而免疫接种状况又与奶牛对某些传染病的抵抗力紧密相关。一些特定的传染病（如布氏杆菌病等），不仅威胁奶牛的健康，还可能对其繁殖功能造成严重影响，导致不孕、流产等问题。因此，准确记录免疫接种详情，有助于兽医及时评估奶牛的免疫保护状态，从而采取必要的预防措施，保障奶牛的健康与繁殖能力。

5. 饲养管理信息

在奶牛的日常管理中，饲料类型、配方、饲喂量和频率的记录至关重要。饲料的营养成分（如蛋白质、能量、维生素和矿物质的平衡），直接关乎奶牛的繁殖性能。缺乏或失衡可能导致发情异常、胚胎发育不良，甚至流产。因此，精确记录每餐饲料的配比和投喂量，以及饲料的更换时间，对于维护奶牛的营养需求至关重要。同时，饮水情况也不容忽视，清洁充足的饮水是奶牛健康繁殖的基础。此外，牛舍环境条件（如适宜的温度、湿度、良好的通风和清洁程度）对奶牛的健康和繁殖同样重要。不良环境可能增加疾病风险，影响繁殖效率。这些详细的记录，为制订科学的饲养管理计划提供了数据支持。

三、临床检查方法

（一）一般检查

1. 外观与体况评估

观察奶牛的精神状态、被毛光泽和身体对称性，对评估其健康与繁殖潜能至关重要。

良好的精神状态表明奶牛生理心理状况佳，能应对饲养挑战；反之，迟钝、焦虑可能预示疾病或饲养问题。被毛光泽反映奶牛营养状况，亮丽被毛意味着均衡饮食和充足营养；杂乱无章的被毛则预示营养不良，影响奶牛健康和生产力。

身体对称性关乎奶牛生长发育和繁殖能力。匀称、强健的奶牛繁殖成功率更高；不对称奶牛可能因发育异常影响繁殖性能。

此外，体况评分也至关重要。过肥奶牛增加饲养成本，可能内分泌紊乱，降低繁殖效率；过瘦奶牛则因营养缺乏影响生殖器官发育，降低繁殖成功率。

因此，通过定期观察精神状态、被毛光泽、身体对称性和体况评分，结合科学饲养管理策略，如调整饲料、增加运动等，可确保奶牛健康繁殖。这些措施不仅提高奶牛健康水平，还优化饲养管理，为奶牛养殖业可持续发展提供有力支持。及时发现并处理潜在问题，保持奶牛适宜体况，是提升繁殖性能和市场价值的关键。

2. 生命体征测量

定期监测奶牛的体温、呼吸频率和心率，是畜牧管理中预防疾病、保障健康繁殖的关键环节。这些生命体征能够反映奶牛的整体健康状况，对于及时发现并处理潜在问题至关重要。

正常体温是奶牛生理机能稳定的关键，通常在38~39.5℃。体温升高可能意味着感染、炎症等，直接影响奶牛的繁殖性能。及时处理体温升高，防止疾病扩散，对保护奶牛生殖系统健康至关重要。

呼吸频率是反映奶牛呼吸系统功能的重要指标，正常范围为10~30次/分钟。加快的呼吸频率可能预示呼吸道问题或应激因素，持续高频率呼吸不仅增加能量消耗，还可能影响氧气交换，进而影响全身系统功能，包括生殖系统。

心率是评估奶牛心血管系统的重要指标，健康范围在60~80次/分钟。心率的异常，无论是过快还是过慢，都可能提示心脏疾病、贫血、应激反应等。心血管问题不仅影响奶牛活动能力，还可能通过影响血液循环，间接损害生殖器官功能，降低繁殖成功率。

因此，畜牧管理者应建立规范的监测体系，定期测量并记录这些生命体征，结合其他临床检查手段，如精神状态、被毛光泽、体况评估等，全面了解奶牛健康状况。及时发现并处理异常，制订个性化的饲养管理策略，为奶牛的健康繁殖提供有力保障。

通过持续的健康监测和科学管理，可以有效提升奶牛的生产力，促进畜牧业的可持续发展。这不仅是维护奶牛健康、提高繁殖效率的需要，也是推动畜牧业高质量发展的必然要求。

（二）生殖系统检查

1. 外部生殖器官检查

检查奶牛外阴部对评估其生殖系统健康至关重要。正常情况下，外阴部应清洁干燥，无红肿、损伤或异常分泌物。红肿、溃疡或脓性分泌物可能预示外阴或阴道感染，需及时干预以防扩散至子宫、卵巢，影响繁殖性能。

使用阴道扩张器检查阴道内部时，应观察黏膜状态，健康黏膜呈粉红色、光滑。充血、水肿、溃疡或异常分泌物可能指示生殖道感染或炎症。阴道的宽度、深度和弹性等结构特征也需评估，异常可能导致难产、不孕或流产。

细致的外阴部及阴道检查结合其他临床手段，如体温、血液、超声波检查，可全面评估奶牛健康。检查中，兽医需遵循卫生消毒程序，防止交叉感染。发现异常应及时记录并制订治疗计划，确保奶牛得到及时治疗。

通过持续监测和科学管理，可有效提升奶牛繁殖效率，促进畜牧业可持续发展。检查不仅有助于及时发现并处理生殖系统疾病，还为制订个性化饲养管理策略提供科学依据，是确保奶牛生殖系统健康的关键步骤。

2. 直肠检查

直肠检查是评估奶牛生殖系统健康的重要方法。检查时，兽医佩戴长臂手套并涂抹润滑剂，轻柔伸入奶牛直肠内，通过触摸检查生殖器官。

子宫角、子宫体和子宫颈的大小、形状、质地是否异常是检查重点。未孕奶牛子宫柔软、两角对称，无增厚或硬结。触摸可评估子宫收缩及积液、肿瘤等异常，有助于发现子宫炎等常见疾病。卵巢大小、形状、质地及卵泡、黄体发育情况也不容忽视。卵巢健康直接影响奶牛繁殖性能。触摸卵巢可评估其大小及囊肿、肿瘤等异常，观察卵泡、黄体发育有助于判断发情状态及不孕等问题。

直肠检查不仅发现异常，还为制订治疗计划提供依据。如子宫炎，可确定炎症程度和范围，选择合适抗生素和治疗方法；卵巢囊肿等卵巢疾病，可评估囊肿大小和性质，制订手术或药物治疗方案。

总之，直肠检查是评估奶牛生殖系统健康的关键手段，可深入了解生殖器官内部状况，及时发现处理健康问题，确保奶牛繁殖健康和生产效率。检查时应遵循卫生消毒程序，确保准确性和安全性，及时记录异常并制订治疗计划。

四、临床检查与病史记录的结合应用

（一）相互印证与补充

在临床实践中，结合病史记录与临床检查，对于确保奶牛病情诊断准确性和制订有效治疗方案至关重要。病史记录详细反映了奶牛过去的健康状况、治疗经历和潜在风险，为理解当前健康状况提供重要背景。例如，反复患子宫内膜炎的病史会引导兽医重点关注生殖系统。

临床检查则通过直接观察、触摸等手段实时评估奶牛身体状况，提示潜在异常（如异常阴道分泌物、子宫质地变化等）直接反映健康问题。当临床检查发现子宫质地异常与病史记录中子宫内膜炎相符时，诊断可信度增强。

此外，临床检查还可能发现病史记录中未提及的新异常，提供额外诊断线索。例如异常的阴道分泌物可能提示其他生殖道感染，促使兽医重新审视病史，调整治疗方案。

因此，兽医在进行临床检查时，应充分参考病史记录，将两者紧密结合，形成完整诊断思路。同时，对于新发现的异常，应及时记录并更新病史，确保信息准确完整。

通过综合评估病史记录与临床检查，兽医能更准确地诊断奶牛病情，制订有效治疗方案，保障奶牛健康和生产效率。这一做法不仅提升了奶牛健康管理水平，也为畜牧业的可持续发展提供了有力支持。病史记录与临床检查的相互印证，构建了奶牛健康管理的基石，确保了诊断的准确性和治疗的有效性。

（二）动态更新与分析

随着时间的推移，奶牛的健康状况处于动态变化之中，这就要求病史记录与临床检查持续跟进并有机结合，以适应病情的发展与变化。

病史记录不应是一成不变的静态文档，而应在每次临床检查后进行动态更新。每一次新的临床检查所获得的信息，无论是症状的缓解、加重，还是出现全新的异常表现，都要及时补充到病史记录中，从而形成一个连贯且不断完善的健康档案。例如，在首次检查发现奶牛患有轻度呼吸道疾病后，经过一段时间的治疗，再次检查时若发现奶牛出现了消化功能紊乱的迹象，此时就需要将这一新情况添加到病史记录中，以便后续分析病情发展的全貌以及不同症状之间可能存在的关联。

临床检查也需依据更新后的病史记录进行针对性调整。当病史记录中显示奶牛近期出现了饲料更换、环境变化等情况时,兽医在后续的临床检查中就应更加留意消化系统、免疫系统等方面可能受到的影响,仔细检查口腔、瘤胃蠕动、粪便性状等指标,以准确判断这些变化是否引发了奶牛的健康问题。此外,定期对病史记录与临床检查结果进行综合分析,能够帮助兽医发现一些潜在的疾病趋势或规律。通过回顾一段时间内的病史和检查数据,兽医可能会注意到奶牛在特定季节、特定饲养阶段容易出现某些类型的疾病,从而提前采取预防措施,优化饲养管理方案,降低疾病发生的风险。

总之,病史记录与临床检查的动态更新与分析,是一个循环往复、相辅相成的过程,能够为奶牛的健康管理提供更为精准、及时且全面的信息支持,有力地保障了奶牛养殖的效益和可持续发展。

第二节 生化与内分泌指标检测

一、生化指标检测的意义

(一) 反映整体健康状况

生化指标在奶牛养殖中至关重要,它们如"晴雨表"般揭示奶牛健康状况,与繁殖功能紧密相连。肝功能指标如谷丙转氨酶、谷草转氨酶,反映肝脏代谢状态,异常时提示肝脏损伤或代谢紊乱,影响整体健康及繁殖功能。肾功能指标如肌酐、尿素氮,体现肾脏排泄功能,受损时导致代谢废物堆积,干扰生殖激素代谢,影响奶牛发情和受孕。

定期监测生化指标,及时发现并处理健康问题,对保障奶牛繁殖健康意义重大。通过检测,兽医可发现肝脏、肾脏异常,采取针对性治疗,防止病情恶化。同时,根据指标变化趋势评估治疗效果,调整方案,确保有效治疗。

此外,生化指标监测助力个性化饲养管理。不同奶牛因品种、年龄、生理状态差异,生化指标特征各异。深入分析这些特征,了解奶牛健康需求，制定个性化饲养计划和繁殖方案，提高繁殖效率，降低生产成本，提升经济效益。

（二）评估繁殖相关营养状况

检测奶牛血液中的营养成分对繁殖健康管理至关重要。这些营养成分，如血清蛋白、钙、磷及维生素，是奶牛生殖健康的基础，直接影响生殖激素合成、运输及生殖细胞发育。

血清蛋白水平的高低关乎生殖激素的合成与运输效率。水平过低会抑制激素合成，降低运输效率，影响奶牛发情周期与受孕率，进而影响奶牛场的生产效益。

维生素，特别是抗氧化维生素 A 和维生素 E，对奶牛生殖健康同样关键。缺乏这些维生素会抑制生殖上皮细胞发育，降低胚胎质量和存活率，增加流产风险，降低产犊率和犊牛健康水平。

因此，定期监测奶牛血液中的营养成分是保障其繁殖健康的重要手段。通过检测关键营养成分，兽医可评估奶牛营养状况，制订个性化饲料配方，满足其不同生理阶段的营养需求。调整饲料配方时，需考虑奶牛营养需求、饲料原料成分及饲养环境，科学配比确保奶牛摄入足够营养。同时，关注饲料消化吸收率，确保营养被充分吸收利用。定期监测营养成分还可帮助发现潜在疾病风险，如血清蛋白持续降低或维生素缺乏可能提示肝脏、消化道疾病。及时干预可防止病情恶化，保障奶牛健康和生产效率。

二、常见生化指标及其在繁殖中的应用

（一）蛋白质代谢指标

在奶牛繁殖健康评估中，总蛋白、白蛋白和球蛋白等血液指标至关重要。它们不仅反映奶牛营养和机体合成能力，还深刻影响繁殖过程。

总蛋白是衡量奶牛营养和机体功能的核心，正常时支持生命活动、生长和繁殖。异常波动可能意味着营养不足或合成受损，影响繁殖性能和健康。

白蛋白维持血浆渗透压和血液循环，对奶牛繁殖健康也至关重

要。水平降低可能影响生殖器官血液灌注和生殖细胞发育，对繁殖产生不利影响。

球蛋白与奶牛免疫功能紧密相关，感染或炎症时水平升高，虽有助于抵抗疾病，但也可能干扰繁殖。过高球蛋白可能引发免疫系统过度激活，导致生殖系统炎症，影响繁殖性能和生育能力。

因此，定期监测这些血液指标对及时发现并纠正营养失衡和免疫功能异常具有重要意义。兽医可通过检测评估奶牛营养和免疫功能状态，制订个性化饲养管理策略。如调整饲料配方改善营养，提高血浆渗透压确保生殖器官血液灌注，或关注免疫功能状态及时抗炎抗感染治疗，以维护奶牛繁殖健康。这些措施有助于确保奶牛繁殖过程的顺利进行，提高生产效益。

(二) 矿物质代谢指标

钙与磷对奶牛至关重要，它们维持骨骼稳固，促进生长发育，保障生殖系统运作。骨骼健康反映钙、磷平衡，血钙或血磷异常会导致骨骼疾病，如产后瘫痪，以及威胁奶牛生命。

低血钙不仅损害骨骼，还影响生殖系统。子宫平滑肌收缩依赖血钙稳定，低血钙减弱收缩能力，增加难产和胎衣不下风险，影响繁殖效率。胎衣不下易引发子宫感染、炎症，严重时致奶牛失去繁殖能力。

因此，确保奶牛饮食钙、磷充足平衡，预防产后并发症，提升繁殖性能至关重要。饲养管理需考虑奶牛需求，制订合理饲料配方，保证钙、磷供给，并注意比例适宜，促进吸收利用。

特殊生理阶段奶牛（妊娠、哺乳）需增加钙、磷补充，满足更高营养需求。添加维生素 D 等营养素可促进钙、磷吸收，提高奶牛健康和生产性能。

因此，钙与磷的平衡对奶牛骨骼健康、生殖系统运作至关重要。饲养管理中应确保奶牛日常饮食中钙、磷的充足与平衡，制订合理的饲料配方，并适当补充营养，以维护奶牛健康，提升生产效益。

(三) 能量代谢指标

血糖与血酮体是评估奶牛能量代谢状态的重要生化指标，它们的变化直接关系到奶牛的健康状况与繁殖性能。血糖水平的高低，是衡量奶牛体内能量储备与利用效率的标尺。当奶牛出现低血糖时，意味着其能量供应不足，这可能导致奶牛体力衰弱，发情表现不明显，严重时甚至影响奶牛的采食与活动能力。另外，血酮体的浓度反映了奶牛体内脂肪动员与氧化的程度。高血酮体状态，通常预示着奶牛处于能量负平衡，这在产后恢复期或营养摄入不足的情况下尤为常见。长期的能量负平衡会抑制奶牛 HPO 轴的活性，进而抑制生殖激素（如促性腺激素释放激素、促卵泡激素等）的分泌，这些激素对于奶牛的繁殖周期调控至关重要。因此，高血酮体不仅影响奶牛的当前繁殖状态，还可能对其后续的繁殖效率造成长远的负面影响。因此，密切关注奶牛血糖与血酮体的变化，及时调整饲养管理策略，对于维护奶牛健康、提高繁殖率具有重要意义。

三、内分泌指标检测的重要性

（一）发情与排卵监测

内分泌指标在奶牛繁殖管理中扮演着举足轻重的角色，它们是监测奶牛发情与排卵情况的"晴雨表"。雌激素作为关键的生殖激素之一，其水平在奶牛发情周期中呈现出明显的波动性。发情前期，随着卵巢活动的增强，雌激素水平逐渐攀升；发情期，雌激素水平达到顶峰，此时奶牛表现出明显的发情特征，如鸣叫、接受爬跨等。通过检测血液或乳汁中的雌激素浓度，我们能够精确判断奶牛所处的发情阶段，为适时的人工授精或自然交配提供科学依据。此外，促黄体生成素的脉冲式分泌同样不容忽视。促黄体生成素在排卵前会出现一个显著的高峰，这一高峰的准确捕捉对于预测排卵时间至关重要。通过连续监测促黄体生成素水平，我们能够锁定促黄体生成素峰值出现的时机，从而精准把握奶牛的最佳配种窗口，确保配种的成功率与效率。因此，内分泌指标的检测与分析，不仅是奶牛繁殖管理中不可或缺的一环，更是实现高效繁殖、提升养殖效益的重要保障。

（二）妊娠诊断与维持

奶牛怀孕后，其体内的内分泌环境会发生一系列深刻的变化，以适应妊娠与哺乳的需要。孕激素作为维持妊娠的关键激素,其水平在怀孕后持续上升,为胚胎的发育提供稳定的内环境。通过检测血液或乳汁中的孕激素浓度,我们可以有效地进行早期妊娠诊断,这对于及时调整饲养管理策略、确保妊娠顺利进行具有重要意义。同时,妊娠与哺乳过程中,其他内分泌激素如催乳素等也发挥着不可或缺的作用。催乳素能够促进乳腺发育与乳汁分泌,是奶牛泌乳性能的重要保障。然而,当这些激素的水平出现异常时,可能会引发一系列繁殖问题,如妊娠失败、产后发情异常等,进而影响奶牛的繁殖效率与生产效益。因此,密切关注奶牛妊娠期间的内分泌变化,及时采取干预措施,是维护奶牛健康、提高繁殖成功率的关键所在。

四、常见内分泌指标及其检测方法

(一) 雌激素

利用放射免疫分析法或酶联免疫吸附试验这两种高精度、高特异性的检测方法,可以准确地测定奶牛血液或乳汁中的雌激素含量。这两种方法均基于抗原与抗体之间的特异性结合原理,通过测量结合物的放射性强度或酶反应产生的颜色变化,来间接反映样品中雌激素的浓度。

在奶牛的发情周期中,雌激素水平会经历一系列有规律的变化,这些变化是奶牛生殖周期正常运作的直接体现。雌激素主要由卵巢分泌,在发情周期的不同阶段,其分泌量会有所不同。特别是在发情期,随着卵泡的发育和成熟,雌激素的分泌量会显著增加,达到一个较高的峰值。这一变化不仅标志着奶牛进入了发情状态,为公牛的交配提供了最佳时机,同时也是我们进行适时配种、提高繁殖效率的重要依据。

通过定期检测奶牛血液或乳汁中的雌激素含量,我们可以准确地判断奶牛的发情状态,从而制订出更加科学的繁殖管理计划。例如,在检测到雌激素水平显著升高时,我们可以及时安排公牛与奶牛进行交配,以提高受孕率。同时,雌激素含量的检测还可以帮助我们及时发现奶牛生殖系统的异常情况,如卵巢功能障碍、发情周期紊乱等,从而及时采取有效治疗措施,保障奶牛的健康和生产性能。

此外，雌激素含量的检测在奶牛繁殖管理中还具有其他重要意义。例如，它可以作为评估奶牛繁殖性能的一个指标，帮助我们筛选出繁殖性能优良的个体，为奶牛场的品种改良和遗传育种提供有力支持。同时，通过监测雌激素水平的变化，我们还可以了解奶牛在不同生理阶段对营养的需求，从而制订出更加合理的饲养管理策略，提高奶牛的生产效益。

（二）孕激素

放射免疫分析法和酶联免疫吸附试验同样也是检测奶牛孕激素水平的两种重要方法。孕激素对奶牛妊娠维持和发情周期调控至关重要。

在奶牛怀孕期间，孕激素水平维持高稳，可以确保胚胎正常发育和妊娠顺利。孕激素促进子宫内膜发育，为胚胎提供良好着床环境，同时抑制子宫收缩，防止胚胎排出。监测孕激素水平变化可准确判断奶牛妊娠状态及稳定性，及时发现处理潜在妊娠问题。

未怀孕奶牛在发情周期黄体期，孕激素水平也会升高。黄体期是卵巢黄体形成并分泌孕激素的时期，抑制发情期再次发生，为下一次发情周期做准备。监测孕激素变化规律可判断奶牛发情周期阶段，为饲养管理和繁殖工作提供科学依据。

放射免疫分析法灵敏度高、特异性好，能准确测量孕激素含量，但操作复杂，需专业设备和人员。酶联免疫吸附试验则简便易行，准确性高，重复性好，不需特殊实验室条件。

因此，在实际应用中，可根据具体需求和实验室条件选择合适方法检测奶牛孕激素水平，为奶牛健康管理和繁殖策略提供有力数据支持。这两种方法共同为奶牛繁殖健康保驾护航。

（三）促性腺激素

在奶牛养殖与繁殖管理中，奶牛体内激素的变化情况至关重要，其中包括促卵泡生成素和促黄体生成素两种关键性激素。这两种激素对于奶牛的生殖健康及繁殖效率具有深远影响。为了精准地监测奶牛体内促卵泡生成素和促黄体生成素的水平变化，科学家们研发出了多种高效的检测方法，其中较为常用的依然是放射免疫分析法和酶联免疫吸附试验。这两种方法能够帮助研究人员及时、准确地掌握奶牛体内激素的动态变化。促卵泡生成素在奶牛体内主要起到促进卵泡发育的作用，而促黄体生成素则在排卵过程中扮演着重要的角色。它们协同作用，共同维持着奶牛的生殖功能。因此，通过定期检测促卵泡生成素和促黄体生成素的水平变化，不仅可以有效评估奶牛的生殖健康状况，还能够准确预测其排卵情况，从而为奶牛的科学繁殖管理提供有力的数据支持。

五、生化与内分泌指标检测结果的综合分析

（一）综合评估繁殖状况

将生化指标与内分泌指标的检测结果相结合，能够为奶牛繁殖状况的全面评估提供一个更为详尽、立体的视角，这对于奶牛的健康管理和养殖效益的提升至关重要。

生化指标（如血液中的总蛋白、白蛋白、球蛋白、钙、磷等营养成分的含量，以及肝功能、肾功能等相关指标）的检测能够直观地反映出奶牛的营养状况和整体健康水平。当生化指标显示奶牛的营养状况良好时，通常意味着其日常饲养管理得当，饲料配方合理，能够满足奶牛生长和繁殖所需的各类营养物质，进而保证其身体状况的稳定和强健。这为奶牛顺利发情、受孕以及后续的泌乳等生理过程奠定了坚实的基础。

然而，仅仅依靠生化指标是远远不够的。内分泌指标，特别是雌激素、孕激素等生殖激素的检测，对于评估奶牛的繁殖状况同样具有不可替代的作用。这些激素在奶牛的发情周期、妊娠维持以及分娩等生殖过程中发挥着关键的调节作用。当内分泌指标显示出发情异常时，比如雌激素水平偏低或孕激素水平异常波动，这可能意味着奶牛的生殖系统存在某些局部问题，如卵巢功能障碍、子宫疾病等，或者存在其他影响内分泌正常调节的因素，如应激反应、环境因素等。

在这种情况下，养殖者需要高度重视，并进一步对奶牛的生殖系统进行详细的检查，包括 B 超检查、阴道分泌物检查等，以明确诊断并采取相应的治疗措施。对于卵巢功能障碍的奶牛，可以通过激素

疗法或手术疗法来促进卵巢功能的恢复；对于子宫疾病的奶牛，则需要根据具体情况进行抗炎、抗感染或手术治疗。同时，还需要对奶牛的日常饲养管理进行必要的调整（如改善饲料品质、优化饲养环境等），以消除影响内分泌正常调节的不利因素。

（二）指导繁殖管理决策

依据生化与内分泌指标的检测，我们可为奶牛定制繁殖管理措施，优化生殖健康，提升繁殖效率，保障奶牛福利与健康。

针对内分泌失调，需优化饲养管理，调整饲料配方，确保全面均衡营养，关注生殖健康关键营养素。改善饲养环境，减少应激源，促进内分泌平衡。必要时，合理使用激素药物，但需严格遵循兽医指导。

生化指标揭示的营养或健康问题同样重要。营养不良或元素缺乏影响奶牛发情和受孕，需及时采取营养补充措施。根据检测结果，提供个性化营养方案，改善营养状况，提升身体素质。

对于健康问题，如感染、炎症等，需及时治疗，防止病情恶化，影响生殖健康。使用适当药物和手术治疗，确保奶牛健康。

这些措施不仅提升繁殖经济效益，增加牛奶产量和牛犊存活率，更呵护奶牛福利与健康。良好饲养管理、营养均衡、疾病防控和生殖健康管理是构成奶牛健康养殖的基础，提供安全、舒适、健康的生长环境，能够带来可持续、高效的养殖效益。

综上，通过精准检测与科学管理，我们可确保奶牛健康繁殖，提升整体养殖水平。

第三节　影像学诊断

一、影像学诊断的优势与应用范围

（一）优势

1. 可视化内部结构

影像学技术在奶牛繁殖健康管理中至关重要。它利用超声波扫描仪、X光机、MRI和CT等设备，提供奶牛生殖器官内部结构的高清图像，直观展示子宫、卵巢等关键部位。这种非侵入性检查方法提高了检查的舒适度和安全性。

影像学技术在发现隐蔽性生殖器官病变方面具有显著优势（如子宫内微小肿瘤、卵巢囊肿等），为兽医提供准确诊断的可靠依据，方便制订精准治疗方案。

与传统临床检查相比，影像学技术提高了诊断的准确性和可靠性，缩短了诊断时间，减少了误诊和漏诊。这有助于兽医及时发现并处理潜在生殖健康问题，保障奶牛健康与繁殖性能。

此外，影像学技术还能监测治疗效果，通过定期复查图像，评估治疗方案效果，帮助兽医调整治疗方案，确保奶牛得到最适宜的治疗和护理。

总之，影像学技术是奶牛繁殖健康管理中的重要工具，为兽医提供前所未有的视野，助力精准诊断、有效治疗和健康监测。

2. 非侵入性或微创性（部分技术）

超声检查等影像学方法，以其对奶牛创伤小、操作简便的优势，在奶牛繁殖管理中发挥着重要作用。这种方法能够在不干扰奶牛正常生理状态的前提下，进行多次检查，为兽医提供了动态观察生殖器官变化的可能。通过超声检查，我们可以清晰地观察卵泡的发育过程，从初始阶段到成熟排卵，每一个细微的变化都尽收眼底。同时，它还能够实时追踪胚胎的生长情况，确保胚胎在子宫内的健康发育。这种动态监测手段，为奶牛繁殖健康的精准管理提供了有力支持。

（二）应用范围

1. 繁殖器官形态学评估

超声检查等影像学技术在奶牛繁殖健康管理中应用广泛。其无创、直观、准确的特性使其成为检查奶牛生殖器官的首选方法。

通过超声检查，可清晰观察奶牛子宫的形态结构，判断是否存在先天性畸形，对保障奶牛健康和繁殖效率至关重要。同时，超声检查在检查卵巢位置和形态方面也具有独特优势，能准确识别卵巢是否存在异位或形态异常等问题，为兽医提供宝贵的诊断信息，有助于制订针对性的治疗方案，提高奶牛的繁殖效率。

此外，超声检查还能监测生殖器官的功能状态，评估子宫内膜的受孕潜力和胚胎着床环境，判断奶牛的发情周期和排卵情况。这些信息对于制订个性化的繁殖管理计划、优化配种时机以及提高受孕率等方面都具有重要意义。

总之，超声检查等影像学技术是奶牛繁殖健康管理中的重要工具，有助于及时发现并处理潜在问题，提高奶牛的健康水平和繁殖效率。

2. 疾病诊断

影像学检查技术如超声检查，在奶牛生殖系统疾病的诊断中发挥着关键作用。通过观察子宫壁的厚度、回声等变化，可以准确诊断子宫内膜炎；而卵巢囊肿的大小、性质等信息，也可以通过清晰的图像得到确认。此外，对于生殖道肿瘤，影像学检查能够精确确定肿瘤的位置、大小和类型，为治疗方案的制定提供重要依据。这些技术的应用，极大提高了奶牛生殖系统疾病诊断的准确性和效率。

3. 妊娠诊断与监测

影像学检查技术还能准确判断奶牛是否怀孕，并对妊娠过程进行全面监测。通过细致观察，我们可以清晰看到胚胎的着床位置、发育状态，以及胎盘的完整性和功能。这些关键信息有助于兽医早期发现妊娠异常，如胚胎死亡、流产迹象等，从而及时采取干预措施，保障奶牛和胎儿的健康。这一技术的应用，无疑为奶牛繁殖管理提供了更为可靠的技术支持。

二、常用影像学诊断技术

（一）超声检查

1. 原理与设备类型

超声检查利用超声波在不同组织中的反射、折射和散射特性形成图像。常用的超声设备有 B 型超声诊断仪和彩色多普勒超声诊断仪。B 型超声可清晰显示组织的二维结构，彩色多普勒超声则能检测血流信号，对于评估生殖器官的血液供应情况非常有用。

2. 检查方法

在检查奶牛生殖器官时,一般将超声探头涂抹耦合剂后,通过直肠或腹壁进行扫描。直肠超声检查对于子宫和卵巢的图像显示更为清晰,尤其是对于深部的卵巢结构。检查时需系统地扫描整个生殖器官区域,观察子宫壁的厚度、回声,子宫腔内有无积液或异物,卵巢的大小、卵泡和黄体的发育情况等。

3. 在繁殖诊断中的应用

用于发情鉴定,通过观察卵泡的大小、数量和形态变化判断奶牛的发情阶段。在妊娠诊断方面,超声可以在配种后较早时间(一般20~30天)检测到胚胎的存在,观察胚胎的发育情况,如测量胚胎大小、心跳等。对于生殖系统疾病诊断,如发现子宫壁增厚、回声不均匀可能提示子宫内膜炎,卵巢上异常增大的无回声区可能是囊肿。

(二) X 射线检查

1. 原理与特点

X 射线具有穿透性,不同组织对 X 射线的吸收程度不同,从而在胶片或探测器上形成影像。X 射线检查可以显示骨骼和一些密度较高的组织,但对于软组织的分辨能力相对较弱。在奶牛繁殖诊断中,主要用于检查生殖器官与周围骨骼结构的关系,以及发现一些高密度的异物或钙化灶。

2. 检查方法

一般需要对奶牛进行适当的保定,使需要检查的部位对准 X 射线源和探测器。对于生殖系统检查,可从侧方或腹背方向拍摄。由于 X 射线对生殖细胞有一定的损害,且需要专业的防护设备,因此在使用时要注意防护奶牛和操作人员。

3. 应用场景

在怀疑奶牛生殖道内有金属异物(如误吞的铁钉等通过消化道进入生殖道)或存在生殖器官钙化(如慢性子宫内膜炎导致的子宫壁钙化)时,X 射线检查可以发挥作用。同时,对于一些先天性骨骼畸形影响生殖器官位置的情况,也可以通过 X 射线进行诊断。

(三) CT 扫描（计算机断层扫描）

1. 原理与优势

CT 扫描是通过 X 射线对身体进行断层扫描，然后利用计算机技术重建图像。它可以提供更详细、更清晰的横断面图像，对软组织的分辨能力比普通 X 射线更强。在奶牛繁殖诊断中，CT 扫描能够更准确地显示生殖器官的内部结构和病变细节。

2. 局限性与应用情况

然而，CT 扫描设备昂贵、操作复杂且需要将奶牛转移到专门的扫描场所，同时还存在辐射问题，所以在奶牛繁殖诊断中的应用相对较少。一般用于复杂的病例，如疑似生殖系统肿瘤的进一步诊断和分期，当超声或 X 射线检查不能明确病变性质和范围时，可以考虑使用 CT 扫描。

三、影像学诊断结果的解读与临床意义

(一) 正常影像学表现

正常子宫在超声下呈均匀的中等回声，子宫壁厚度适中，卵巢呈椭圆形，有不同发育阶段的卵泡和黄体，卵泡为圆形或椭圆形的无回声区。在 X 射线或 CT 扫描图像中，生殖器官与周围组织有正常的解剖位置关系，无异常密度影。了解这些正常表现是识别异常情况的基础。

(二) 异常影像学发现的解读

如果超声显示子宫腔内有强回声光斑且伴有声影，可能是子宫内的结石或钙化灶；子宫壁增厚、回声不均匀可能是炎症的表现。卵巢上出现异常增大的无回声区，结合临床症状和内分泌指标可判断是卵泡囊肿还是黄体囊肿。在 X 射线或 CT 图像中发现生殖器官区域的高密度异物或异常的软组织肿块，需要进一步分析其性质和对繁殖功能的影响。这些影像学发现为临床诊断和治疗方案的制订提供了重要依据。

第四节 细胞学与微生物学检查

一、细胞学检查的目的与方法

(一) 目的

1. 评估生殖细胞质量

生殖细胞的细胞学检查是评估奶牛繁殖性能的重要手段之一。通过对精子、卵子等生殖细胞的形态、结构和活力进行全面分析，我们可以深入了解其质量状况。精子畸形率过高，往往意味着受孕率会相应降低，而卵子细胞质的异常，则可能影响到受精过程的顺利进行以及胚胎的正常发育。这些检查不仅能够帮助我们及时发现生殖细胞的质量问题，还能够为制订针对性的繁殖管理策略提供重要依据，从而有效提升奶牛的繁殖效率和后代质量。

2. 诊断生殖系统疾病

对奶牛生殖器官的脱落细胞或穿刺获取的细胞进行检查，是诊断生殖系统疾病的重要方法。在阴道炎或子宫内膜炎等炎症性疾病中，阴道或子宫脱落细胞中会出现大量炎性细胞，这些细胞的形态和数量变化，能够为疾病的诊断提供有力依据。而在生殖系统肿瘤的情况下，细胞的形态会发生明显的异常变化，如细胞核增大、核质比例失调等，这些特征性的变化有助于我们准确识别肿瘤的存在。通过细胞学检查，我们可以更早地发现疾病，为奶牛的健康管理提供有力支持。

(二) 方法

1. 涂片制备

在奶牛生殖系统疾病的诊断中，对分泌物或组织细胞进行涂片检查是一项重要步骤。对于阴道分泌物、精液等液体样本，以及子宫颈刮片等组织细胞，可以直接进行涂片。在涂片过程中，要确保样本均匀分布，薄厚适中，以便更好地观察细胞形态。涂片完成后，可以自然干燥或用吹风机吹干。对于精液等液体样本，为了提高细胞的密度和观察效果，还可以采用离心涂片法进行处理。这些细致的操作步骤，都是为了确保涂片质量，为后续的细胞学检查提供准确可靠的样本。

2. 染色方法

在奶牛生殖系统细胞学检查中，常用的染色方法包括吉姆萨染色和瑞氏染色等。这些染色方法能够增强细胞的对比度，使细胞在显微镜下呈现出更为清晰的形态。通过吉姆萨染色，可以清晰地区分不同类型的白细胞（如淋巴细胞、单核细胞等），并观察细胞内的病原体（如细菌）形态，这对于诊断感染性疾病具有重要意义。而瑞氏染色则更适用于观察细胞的整体结构和细节，如细胞核的染色质分布、细胞质的颗粒状物质等。这些染色方法的应用，极大地提高了细胞学检查的准确性和可靠性。

3. 显微镜观察

在奶牛生殖系统细胞学检查中，涂片的观察是至关重要的环节。通常从低倍镜开始，逐步过渡到高倍镜，以便全面而细致地观察涂片中的细胞。对于生殖细胞，重点关注其大小、形状是否规则，细胞核是否完整，细胞质是否均匀，以及有无异常的包涵体等。而对于脱落细胞，则要注意细胞的类型、数量和形态变化，判断是否存在炎症细胞浸润、肿瘤细胞等异常情况。这些观察结果将为疾病的诊断提供重要线索，为奶牛的健康管理提供有力支持。

二、微生物学检查的重要性与技术

(一) 重要性

1. 诊断感染性疾病

生殖系统的微生物感染是导致奶牛繁殖障碍的常见且重要的原因之一。为了准确诊断和治疗这些感染，微生物检查显得尤为重要。通过微生物学检查，我们可以确定引起感染的病原体种类（如细菌、真菌或病毒等）。明确病原体后，我们就可以根据病原体的特性，制订针对性的治疗方案。

例如，对于细菌性子宫内膜炎，我们可以选择合适的抗生素进行治疗；而对于病毒性感染，则需要采取不同的防控措施，如隔离病牛、加强饲养管理等。因此，微生物检查不仅有助于我们准确诊断奶牛生殖系统的感染，还为治疗方案的制定提供了科学依据，是奶牛繁殖健康管理中的重要一环。

2. 预防疾病传播

检测奶牛生殖系统中的微生物，是预防和控制养殖场内传染病传播的重要手段。通过及时发现潜在的传染病源，可以迅速采取隔离、消毒等有效措施，切断病原体的传播途径，防止疾病在养殖场内蔓延。这不仅有助于保护其他奶牛的健康和繁殖能力，还能降低治疗成本，提高养殖效益。因此，定期进行奶牛生殖系统微生物检测，对于维护养殖场的整体健康和生产稳定具有重要意义。

(二) 技术

1. 样本采集

在采集奶牛生殖系统相关的样本时（如阴道分泌物、子宫颈拭子和精液等）必须严格遵守无菌操作规范，以确保样本的纯净度和准确性。对于子宫内的样本采集，我们通常会使用专门的采样器械，通过阴道和子宫颈轻柔而准确地进入子宫，以避免对奶牛造成不必要的伤害或感染。整个采集过程要求细致、耐心，以确保样本的代表性和可靠性，为后续的微生物检测和细胞学检查提供高质量的样本基础。

2. 培养方法

将采集的奶牛生殖系统样本接种到合适的培养基上，是微生物检测的关键步骤。不同的微生物需要特定的培养基和培养条件，如温度、湿度和气体环境等。例如，大多数细菌可以在普通琼脂培养基上生长，而厌氧菌则需要在无氧环境下进行培养。通过培养，可以观察微生物的菌落形态、大小、颜色等特征，这些特征可以为我们初步判断微生物的种类提供重要线索。因此，在培养过程中，需要严格控制培养条件，确保结果的准确性和可靠性。

3. 鉴定技术

(1) 生化鉴定

根据微生物对不同糖类、蛋白质等生化底物的代谢反应来鉴别。例如，通过检测细菌对乳糖、蔗糖的发酵能力，以及是否产生硫化氢、吲哚等代谢产物来确定细菌种类，有助于区分相似外观菌落的不同细菌。如大肠杆菌和产气肠杆菌，它们在乳糖发酵等生化特性上存在差异。

(2) 分子生物学鉴定

利用聚合酶链反应（PCR）等技术检测微生物的特异性基因片段。这种方法具有高度的特异性和敏感性，可以快速准确地鉴定微生物，尤其是对于一些难以培养或生长缓慢的病原体，如某些病毒和苛养菌。例如，通过 PCR 检测牛病毒性腹泻病毒（BVDV）的基因片段，可快速诊断奶牛是否感染该病毒，这种病毒感染可能导致奶牛繁殖障碍，如胚胎早期死亡、流产等。

(3) 药敏试验

在确定了致病微生物后，进行药敏试验至关重要。将分离培养的微生物接种到含有不同抗菌药物的药敏纸片周围或药敏板上，观察微生物的生长抑制情况。这可以指导临床治疗中抗菌药物的选择，避免盲目使用抗生素导致的耐药问题和治疗失败。例如，金黄色葡萄球菌引起的子宫内膜炎，药敏试验结果显示该菌对头孢类抗生素敏感，那么在治疗时就可以优先选择头孢类药物。

三、细胞学与微生物检查结果的综合分析

(一) 相互关联与诊断意义

1. 炎症诊断

当细胞学检查发现大量炎性细胞（如中性粒细胞、淋巴细胞等），同时微生物检查培养出病原菌时，可以确诊生殖系统炎症。例如，阴道分泌物涂片显示大量中性粒细胞，且培养出链球菌，可诊断为细菌性阴道炎。不同类型的炎症细胞比例也可以提示炎症的阶段和性质，如急性炎症时中性粒细胞增多，慢性炎症则可能淋巴细胞、巨

噬细胞比例增加。

2. 肿瘤诊断辅助

在细胞学检查中发现形态异常的肿瘤细胞时，微生物检查可以排除感染因素导致的类似细胞变化。同时，在肿瘤组织中检测到某些特殊微生物，如某些病毒与生殖系统肿瘤相关，这对肿瘤的病因诊断和治疗有重要意义。例如，人乳头瘤病毒（HPV）与人类宫颈癌相关，在奶牛生殖系统肿瘤研究中也可能存在类似与特定微生物相关的情况。

3. 繁殖障碍病因分析

对于存在繁殖障碍的奶牛，综合细胞学和微生物检查结果可以全面分析病因。如果精子细胞学检查发现畸形率高，同时精液微生物检查发现支原体污染，那么这两者都可能是导致受孕困难的原因，需要同时采取改善精子质量和消除微生物感染的措施。

（二）指导治疗与预防措施

1. 针对性治疗

根据微生物检查确定的病原体种类和药敏试验结果，选择合适的治疗药物。对于伴有细胞学异常的炎症，除了抗菌治疗外，还可以根据细胞损伤情况使用一些促进组织修复的药物。例如，在子宫内膜炎治疗中，如果是革兰氏阴性菌感染且伴有子宫内膜上皮细胞损伤，除了使用敏感的抗生素外，还可以使用一些具有修复黏膜功能的药物。

2. 预防措施

基于微生物检查结果，如果发现养殖场存在特定病原体的流行，如某种细菌或病毒，可采取针对性的预防措施，包括疫苗接种、加强消毒、隔离病牛等。同时，细胞学检查结果提示的生殖细胞质量问题可以通过改善饲养管理，调整饲料营养成分、优化环境条件等方式来预防，以提高奶牛的繁殖性能。

第五节 遗传学检测与评估

一、遗传学检测的意义

(一) 遗传疾病诊断与预防

遗传学检测在奶牛养殖中应用广泛，它能够帮助我们准确识别奶牛是否携带隐性致病基因。这些隐性致病基因如果未被发现，可能会在未来的繁殖过程中引发严重的遗传疾病，对奶牛的健康和养殖效益造成巨大威胁。一些遗传疾病甚至可能导致奶牛出现先天性生殖器官畸形，或者导致胚胎在早期死亡，给养殖者带来巨大的经济损失。通过遗传学检测，我们可以及时筛选出携带相同致病基因的奶牛，避免它们进行交配，从而有效降低遗传疾病的发生率，保障奶牛群体的繁殖健康，提高整体养殖效益。

(二) 繁殖性能优化

深入了解奶牛的遗传背景，对于优化和提升牛群的繁殖性能具有不可估量的价值。借助现代遗传学检测技术的飞速发展，得以揭示那些与奶牛繁殖性能息息相关的基因标记。这些基因标记如同隐藏在奶牛遗传密码中的"宝藏"，它们直接关联着奶牛的发情周期、排卵率以及精子质量等一系列关键繁殖指标。通过遗传学检测，从庞大的奶牛群体中精准地筛选出那些携带卓越繁殖潜力基因的种牛。这些种牛不仅自身具备出色的繁殖能力，还能通过遗传将这一优势传递给后代，从而大幅提升整个牛群的繁殖效率和生产力。更为重要的是，遗传学检测还为奶牛品种的改良开辟了新的道路。使我们能够更快速、精准地识别并固定那些对繁殖性状有积极影响的基因，通过科学的选育和杂交，可以将这些优良基因在奶牛群体中迅速传播开来，推动奶牛养殖业不断迈向新的高度，实现更加高效、可持续的发展。

二、常用遗传学检测技术

（一）基因分型技术

1. 聚合酶链反应-限制性片段长度多态性（PCR-RFLP）

该技术基于 PCR 扩增特定基因片段，然后利用限制性内切酶对扩增产物进行切割。不同基因型的个体其 DNA 序列存在差异，导致限制性内切酶切割位点不同，产生不同长度的片段。通过电泳分析这些片段的大小和数量，可以确定个体的基因型。例如，在检测与奶牛繁殖性能相关的某个基因时，如果存在特定的多态性位点，可通过 PCR-RFLP 进行分析，为繁殖选择提供依据。

2. 荧光定量 PCR（qPCR）

qPCR 不仅可以检测基因的存在与否，还可以定量分析基因的拷贝数。在繁殖遗传学中，可用于检测与繁殖相关基因的表达量变化。例如，检测与卵泡发育相关基因在不同发情阶段奶牛卵巢组织中的表达量，了解基因表达水平与繁殖生理的关系，为繁殖调控提供参考。

（二）基因测序技术

1. 一代测序（Sanger 测序）

Sanger 测序是一种经典的 DNA 测序方法，通过在 DNA 复制过程中掺入放射性或荧光标记的核苷酸，根据电泳图谱读取 DNA 序列。虽然它的通量相对较低，但对于检测特定基因的突变或验证其他检测方法的结果非常准确。在奶牛遗传学检测中，可用于分析与繁殖障碍相关的基因序列变化，如某些单基因遗传病相关基因的突变检测。

2. 新一代测序（NGS）技术

包括全基因组测序（WGS）、全外显子组测序（WES）等。NGS 技术具有高通量、高灵敏度的特点，可以快速获取大量的 DNA 序列信息。全基因组测序可以全面了解奶牛整个基因组的情况，发现新的基因变异与繁殖性能的关系。全外显子组测序则专注于编码蛋白质的外显子区域，对于检测影响繁殖相关蛋白质结构和功能的基因突变更为有效。这些技术为深入研究奶牛繁殖的遗传机制提供了强大的工具。

三、遗传学评估指标与繁殖性能的关系

(一) 基因标记与繁殖性状

在奶牛遗传学的研究中，已经发现了众多与繁殖性状紧密相关的基因标记。这些基因标记为奶牛繁殖性能的改良和优化提供了宝贵的遗传信息。例如，有些基因标记与奶牛的发情频率和发情持续时间有着密切的关系。携带这些特定基因标记的奶牛，其发情周期往往更加规律，发情表现也更加明显，这就为养殖者提供了更为准确的配种时机，从而大大提高了配种的精确度和成功率。此外，还有一些基因标记与卵泡的发育和排卵过程密切相关。这些基因标记能够影响奶牛的排卵率和卵子的质量。具有优势基因型的奶牛，其卵泡发育更加健全，排卵率更高，卵子质量也更好，这无疑为成功受孕和产出健康后代奠定了坚实的基础。因此，如果能够准确识别并筛选出这些具有优势基因标记的奶牛，就可以在繁殖计划中优先选用它们进行配种。这样不仅可以提高受孕率，还能进一步优化后代的遗传组成，为奶牛养殖业的长远发展注入新的活力和动力。

(二) 遗传多样性评估

对奶牛群体的遗传多样性进行全面而深入的评估，在繁殖管理中扮演着举足轻重的角色。适度的遗传多样性是确保种群适应性和繁殖性能的重要基础。一个拥有丰富遗传多样性的奶牛群体，能够更好地应对环境变化、疾病挑战以及生产压力，从而保持其长期的竞争力和生产力。然而，如果奶牛群体的遗传多样性过低，就可能引发一系列问题。近亲繁殖的风险会显著增加，这不仅会提高隐性遗传疾病的发病率，还可能对奶牛的繁殖性能产生负面影响，如降低受孕率、增加流产风险等。此外，遗传多样性的缺乏还可能限制种群对新环境的适应能力，降低其整体竞争力。因此，通过遗传学检测来评估奶牛群体的遗传多样性，对于指导合理的配种计划至关重要。可以根据检测结果，精心规划配种方案，避免过度近亲繁殖的发生。同时，积极引入新的优良基因，通过杂交等方式不断为种群注入新的活力，从而维持其健康、稳定的发展态势。这样的管理策略不仅有助于提升奶牛群体

的整体繁殖性能，还能为其长期可持续发展奠定坚实的基础。

四、遗传学检测与评估在繁殖管理中的应用

（一）种牛选择与配种计划制订

根据遗传学检测的结果，可以精准地选择那些携带有优良繁殖基因的种牛来进行繁殖。对于公牛而言，重点考察其精子质量相关的基因，选择那些在这些方面表现优异的个体，以确保它们能够贡献出高质量的精子，为后代提供强健的遗传基础。而对于母牛，则侧重于选择发情周期正常、胚胎发育相关基因表现良好的个体，这样的母牛更有可能顺利受孕并产下健康的小牛。在制订配种计划时，不仅要避免选择携带相同隐性致病基因的公牛和母牛进行交配，以减少遗传疾病的风险，还要充分利用基因标记信息来优化配种组合。通过精心搭配不同基因型的公牛和母牛，可以进一步提升后代的繁殖性能和健康状况，为奶牛养殖业的可持续发展奠定坚实的基础。

（二）遗传疾病防控与种群改良

通过遗传学检测，能够及时发现并准确识别出携带遗传疾病基因的奶牛，随后立即对这些奶牛进行标记和专门的管理。针对那些存在严重遗传疾病风险的奶牛，会果断采取不用于繁殖等预防措施，从而有效切断疾病基因在种群中的传播链，保护整个奶牛群体的健康。在此基础上，充分利用遗传学评估的结果，有针对性和目的性地引进那些经过验证的优良品种或个体。通过杂交等方式，可以将这些优良基因引入现有的种群中，逐步改良和优化种群的遗传结构。这样的策略不仅能够提升整个奶牛群体的繁殖性能，还能增强它们对环境的适应能力，为奶牛养殖业的持续健康发展注入新的活力。

第五章 疾病预防策略与治疗方案

第一节 营养管理与繁殖健康

一、营养物质对奶牛繁殖的重要性

(一) 能量

能量是奶牛维持生命活动和繁殖功能的基础。能量供给不足,奶牛体重下降,体况恶化,发情周期不规律,排卵受干扰,受孕成功率下降。产后奶牛若能量供应不足,易陷入"产后能量负平衡",内分泌系统受干扰,促性腺激素分泌减少,卵泡发育受阻,发情表现受影响。

然而,能量过剩同样有害。过高能量摄入导致奶牛肥胖,增加运动负担,影响活动能力,脂肪沉积干扰卵巢功能,受孕率下降。肥胖奶牛分娩时易难产,危及母牛和新生犊牛生命安全。

因此,奶牛能量供给需平衡。合理调整饲料配方,确保奶牛获得适量能量,既满足生理需求,又避免肥胖问题。这有助于维持奶牛健康,提高繁殖效率,保障牛奶产量和质量,以及后代的繁衍能力。同时,需密切关注奶牛体况变化,及时调整饲养管理策略,确保奶牛处于最佳状态。

(二) 蛋白质

蛋白质在奶牛体内至关重要,是身体组织、生殖激素和酶的基本构成。缺乏优质蛋白质会严重影响奶牛生殖系统的发育和功能,导致发情不规律、排卵困难、受孕率下降和流产风险增加。然而，过量摄入蛋白质也会给奶牛带来代谢负担，尤其是非蛋白氮含量过高时，会损害肝肾功能，影响生殖健康。血液中尿素氮升高会影响受精卵着床，增加流产风险，还可能影响胚胎正常发育，造成胚胎异常或死亡。因此，在奶牛养殖中，合理控制蛋白质摄入量至关重要。既要保证优质蛋白质的充足供应，满足奶牛生殖需求，又要避免过量摄入带来的风险。通过科学配方和精准喂养，实现蛋白质摄入的平衡，是保障奶牛健康繁殖、提高生产效率的关键措施。合理控制蛋白质摄入，确保奶牛繁殖健康和高效生产。

(三) 矿物质

1. 钙和磷

钙和磷对奶牛至关重要。钙关乎奶牛健康、分娩顺利进行及产后子宫恢复，磷则参与多种生理过程，维持代谢和机能。钙磷代谢在奶牛体内密切相关，平衡状态对维持正常生理功能极其重要。钙磷比例失衡，无论钙多磷少或磷多钙少，均对奶牛健康不利，可能导致产后瘫痪、站立困难、运动障碍等严重问题，还影响胎衣正常排出，降低繁殖性能和后续生产效益。

因此，奶牛养殖者需合理调控饲料钙磷比例，确保奶牛摄入适量钙磷元素。科学饲养管理和营养调控是预防钙磷失衡问题的关键，能有效保障奶牛健康和提高生产性能，促进奶牛养殖业的可持续发展。通过平衡钙磷摄入，维护奶牛生理功能，提升整体健康状况和生产效益。

2. 微量元素

锌、硒、锰等微量元素在奶牛繁殖系统中作用重大。锌参与生殖激素合成，影响发情周期和繁殖效率。硒具抗氧化功能，保护生殖细胞免受氧化伤害，促进胚胎发育和着床，缺硒易致流产。锰与卵泡发育和排卵相关，调节酶活性，影响基因表达，锰不足会导致卵泡发育不良和排卵障碍。

为保障奶牛健康繁殖，养殖者需重视这些微量元素的合理补充。通过科学饲养管理和营养调控，确保奶牛摄入适量锌、硒、锰，维持正常生殖功能和繁殖性能。这有助于提升奶牛繁殖效率和生产效能，为奶牛养殖业持续健康发展提供支撑。合理补充微量元素，是奶牛健康繁殖的关键，也是提高生产效益和养殖效益的重要措施。

（四）维生素

1. 维生素 A

维生素 A 对奶牛至关重要，它促进生殖上皮细胞发育，维持正常视觉。维生素 A 以视黄醇形式存在，参与细胞增殖、分化，维持上皮细胞完整性。缺乏时，生殖上皮细胞异常分化，破坏子宫内膜结构和功能，影响胚胎着床和发育，还可能导致卵巢功能异常。同时，维生素 A 是视网膜中视紫红质的关键成分，缺乏会导致视力下降，甚至夜盲症，影响奶牛日常活动和繁殖性能。因此，合理补充维生素 A 对奶牛健康繁殖和正常视觉功能至关重要。

2. 维生素 E

维生素 E 是奶牛生殖健康的关键抗氧化剂，能保护生殖细胞免受自由基损伤，维护生殖系统正常功能。它通过捕获和中和自由基，减轻氧化损伤，并促进抗氧化酶的表达和活性，增强生殖细胞的防御能力。在奶牛中，维生素 E 缺乏会导致胚胎死亡风险增加，无法有效保护胚胎免受氧化应激损伤。此外，缺乏维生素 E 还会加剧流产问题，降低繁殖效率。因此，维生素 E 对奶牛生殖健康至关重要，合理补充有助于确保繁殖过程的顺利进行。

3. 维生素 D

维生素 D 对奶牛至关重要，它调节钙磷代谢，影响繁殖性能。维生素 D 促进钙磷吸收，确保胎儿骨骼发育和产后钙平衡。缺乏时，胎儿骨骼发育不良，易引发骨骼畸形，影响分娩和产后恢复；同时，奶牛易患骨质疏松，神经功能、肌肉收缩及乳汁质量受影响。为确保奶牛健康和繁殖性能，养殖者需合理添加富含维生素 D 的饲料，如鱼肝油、鱼粉，或补充维生素 D 预混料，并注意饲料保存和加工，避免损失。此外，适当让奶牛接触阳光，可提高其维生素 D 水平。

二、不同生理阶段的营养管理策略

(一) 干奶期

干奶期对奶牛至关重要,关乎乳腺修复、胎儿发育及后续产奶能力。此期应控制奶牛能量摄入,防过度肥胖,影响分娩和繁殖性能。需合理调整饲料,确保营养充足且不过度增重。优质粗饲料为基础日粮,促肠道蠕动,提供能量和部分营养素。同时,需补充精饲料满足额外营养需求,注意种类和比例,确保均衡营养。矿物质和维生素,特别是钙、磷、维生素 A、D、E 等关键,对骨骼健康、胎儿发育、乳腺修复及免疫功能重要。为满足微量营养素需求,可使用预混料补充,根据奶牛实际选择种类和添加量,确保最佳饲养效果。合理管理干奶期饲养,提高奶牛健康、繁殖性能和后续产奶能力。

(二) 围产期

围产期是奶牛生命周期的关键阶段,涵盖产前产后各 3 周,对奶牛健康和生产性能至关重要。产前需逐渐增加能量和蛋白质供应,但饲料调整需循序渐进,避免瘤胃酸中毒。产后奶牛能量需求急剧增加,需及时补充能量和电解质,以防产后瘫痪和酮病。饲养者可提供高能量食物和适量矿物质、维生素 D 等营养素预防疾病。此外,优质粗饲料对维持瘤胃功能至关重要,能提供纤维素等营养素,刺激瘤胃蠕动,促进消化液分泌,维持微生物平衡和消化功能。饲养者应确保奶牛围产期随时获得新鲜、质量良好的粗饲料,如干草、青贮饲料等,以保障奶牛健康和后续泌乳期的顺利进行。

(三) 泌乳期

泌乳期是奶牛生产的关键阶段,营养需求随产奶量增加而显著上升。为满足需求,饲养者需精细调整饲料配方。能量是核心,适当增加精饲料比例(如玉米、大麦等),但须控制精粗比,避免消化问题。蛋白质也不可或缺,构成乳蛋白并维持奶牛生理功能,需添加鱼粉、豆粕等高质量蛋白源,注重氨基酸平衡。此外,矿物质如钙、磷对骨骼和牛奶成分也很重要,应补充石粉、骨粉等,注意钙磷比例。还需补充铜、锌、锰等微量元素及维生素 A、D、E 等脂溶性维生素,保障奶牛产奶和繁殖功能。综合调整饲料配方，确保奶牛获得全面均衡营养，是实现持续高效产奶的关键。

三、营养监测与调整

（一）体况评分

定期对奶牛体况评分是营养管理的关键，有助于了解奶牛营养和健康状况，指导饲养决策。采用5分制，3分为理想体况，代表奶牛最佳生理和生产状态。通过触摸肋骨、脊柱和尾根评估脂肪覆盖，清晰感觉到肋骨但不突出为理想状态，过瘦需增饲，过胖需减能增粗。脊柱应自然曲线，尾根有脂肪但不臃肿。根据评分调整饲料，偏瘦奶牛增能量蛋白，过胖奶牛减能量增粗料。科学评分和营养管理能提高奶牛生产性能，延长寿命，降低疾病率，提升经济效益。因此，定期体况评分是奶牛营养管理中不可或缺的一环，对保障奶牛健康和生产稳定至关重要。通过及时调整饲料，确保奶牛保持适宜体况，实现高效生产。

（二）血液和乳汁生化指标检测

血液和乳汁生化指标检测是评估奶牛营养与健康的重要手段。血液中葡萄糖水平反映能量代谢，过低需增能量饲料，过高需防肥胖和代谢病。尿素氮水平评估蛋白质代谢，过高提示调整蛋白质饲料，提高利用率。矿物质和维生素检测对奶牛骨骼、免疫、繁殖等至关重要，需及时补充维持平衡。乳汁中乳成分（乳脂、乳蛋白、乳糖）和矿物质含量反映奶牛营养和乳腺代谢，与骨骼健康和乳汁品质相关。定期检测这些指标，饲养者可及时发现营养问题，调整饲料配方。通过科学检测和管理，确保奶牛营养平衡，提高生产性能和健康水平，减少疾病风险，提升经济效益。因此，血液和乳汁生化指标检测是奶牛营养管理中不可或缺的一环，对保障奶牛健康和生产稳定具有重要意义。

第二节 疾病防控体系建立

一、疾病防控的重要性

奶牛疾病严重影响其健康、生产及繁殖功能,对养殖场经济效益构成威胁。生殖系统疾病如子宫炎、卵巢囊肿等直接影响奶牛受孕率,与饲养管理、环境卫生、营养不均衡相关。全身性疾病通过影响内分泌、营养代谢等间接影响繁殖。为降低疾病发生率,需建立疾病防控体系,包括加强饲养管理、提高环境卫生、确保营养均衡。定期进行健康检查,及时发现并处理疾病风险。已发病奶牛需科学治疗,防扩散恶化。加强繁殖管理也至关重要,合理控制繁殖周期,优化配种技术,提高受孕率。同时,关注产后恢复和营养补充,确保奶牛迅速恢复体力并投入下一轮繁殖周期。通过综合措施,降低疾病对奶牛繁殖功能的影响,保障奶牛健康和生产稳定,提升养殖场经济效益和可持续发展能力。

二、疫苗接种计划

(一)疫苗种类选择

在奶牛养殖中,根据地区疫病流行、奶牛年龄及生理状态选择合适的疫苗接种。口蹄疫疫苗必须接种,以预防口蹄疫感染,保障奶牛健康和生产性能。牛病毒性腹泻-黏膜病疫苗同样关键,能防止急性传染病影响奶牛健康和导致流产、死胎等。布鲁氏杆菌疫苗对预防人畜共患的布鲁氏杆菌病也很重要,该病威胁奶牛和人类健康,可导致流产、不孕等症状。选择疫苗时,需考虑疫病流行、奶牛情况,并注重疫苗质量和接种方法。确保疫苗来源可靠、质量合格,按说明书正确接种,以充分发挥预防效果。这些措施有助于降低疾病发生率,防止疫病传播,确保奶牛繁殖顺利,提高生产性能,保障奶牛和人类健康。

(二) 接种程序

制订合理的疫苗接种程序是奶牛养殖中预防疾病、保障健康和提高生产性能的关键措施之一。这个程序需要综合考虑奶牛的年龄、生理状态、疫苗的种类以及当地疫病的流行情况，确保疫苗的有效性和安全性。

对于新生犊牛，疫苗接种程序通常从一定日龄开始。例如，口蹄疫疫苗是奶牛必须接种的重要疫苗之一，对于新生犊牛，一般在3~4月龄时进行首次免疫接种，然后在6~7月龄时进行第二次加强免疫。这样的接种程序可以确保犊牛在成长过程中获得足够的免疫力，以抵御口蹄疫病毒的侵害。除了口蹄疫疫苗外，其他疫苗如牛病毒性腹泻-黏膜病疫苗、布鲁氏杆菌疫苗等也需要根据犊牛的年龄和当地疫病流行情况进行接种。这些疫苗的接种时间和剂量通常会在疫苗说明书中有详细说明，饲养者需要遵循说明书上的说明执行操作，以保障疫苗接种的有效性。

对于成年奶牛，疫苗接种程序则需要根据疫苗的免疫期和当地疫病流行季节定期接种。例如，一些疫苗的免疫期可能只有一年或更短，因此需要在免疫期结束前及时进行加强免疫。同时，在疫病高发季节或存在疫情风险的地区，也需要根据当地兽医部门的建议进行额外的疫苗接种。

1. 在接种疫苗时饲养者需要特别注意以下几点

确保疫苗来源可靠、质量合格。应通过正规途径购置疫苗，并细心查验疫苗的外包装情况、标签和说明书是否完整、清晰。

2. 严格按照疫苗说明书中的具体指导来执行相关操作

这涵盖了疫苗的适当稀释以及正确的接种方式，比如选择肌肉注射或是皮下注射等途径、接种剂量等都需要按照说明书进行。

3. 做好接种记录

记录每次接种疫苗的种类、剂量、接种时间和接种人员等信息，以便后续跟踪和评估接种效果。

4. 观察奶牛接种后的反应

部分奶牛疫苗接种后，个体可能会经历轻微的不适，如体温升高和食欲下降等，这是正常的免疫反应。但如果出现严重的过敏反应或不良反应，则需要及时联系兽医进行处理。

三、生物安全措施

（一）养殖场布局与设施建设

养殖场的合理分区对奶牛健康和生产效率至关重要。应划分为生活区、生产区和隔离区，通过隔离设施和消毒通道分隔，防交叉污染和疾病传播。生活区远离生产区，保持卫生，设防护设施。生产区为核心，牛舍设计需考虑奶牛生理特性，确保空气流通、自然光照，合理设计牛床、水槽、料槽，便于清洁消毒。隔离区远离其他区域，用于隔离患病奶牛，配备医疗设备和药品，定期清洁消毒。养殖场还需建立完善的消毒制度，对进出车辆、人员及物品消毒。消毒通道设在主要出入口，对所有进出者消毒。此外，定期对内部环境清洁消毒，包括牛舍、运动场、挤奶厅等，杀灭病原体，保障奶牛健康和生产安全。合理分区和消毒制度共同构成养殖场防疫的基础，确保奶牛的健康和生产顺利进行。

（二）人员和车辆管理

为确保奶牛养殖场的生物安全，对人员和车辆实施严格消毒至关重要。人员需换专门工作服和鞋履，通过消毒通道，使用紫外线、喷雾或浸泡消毒，并提前手部消毒。车辆也需在外彻底清洗消毒，特别是轮胎、底盘和货箱，使用含氯或季铵盐消毒剂。消毒后车辆需等待消毒剂作用并干燥。此外，未经授权，外部人员及车辆禁止进入生产区，包括非员工、访客和维修人员。若需进入，必须提前申请并经过审批，遵循相同消毒程序。这些措施旨在防止外部病原体带入养殖场，保护奶牛免受疾病侵害，维护其健康和生产性能。通过严格消毒和生物安全措施，确保奶牛养殖场的生物安全和健康环境，保障奶牛健康和生产顺利进行。

（三）饲料和饮水卫生

在奶牛养殖中，确保饲料品质和安全性至关重要。发霉变质的饲料含有有毒物质，危害奶牛健康，因此应选择信誉良好的供应商，并严格检查饲料。储存饲料时，需保持良好通风和干燥，定期清洁消毒仓库，使用防虫剂和防潮剂。同时，奶牛需要充足的清洁饮水，水源应无污染，水质符合卫生标准。定期检测水质，发现问题立即改善或更换水源。为减少水源性疾病传播，可采用饮水消毒设备杀灭水中的病原微生物，提高饮水安全性。选择消毒设备时，应根据养殖场实际情况和水质特点选择，严格按照使用说明操作和维护。通过这些措施，确保饲料和饮水的清洁与安全，保障奶牛健康状况和生产性能。

四、疾病监测与预警

（一）日常健康检查

在奶牛养殖中，饲养人员和兽医的角色至关重要，他们共同守护着奶牛的健康和生产性能。饲养人员需密切关注奶牛的采食、饮水及精神状态，通过观察进食速度、量、频率，水槽清洁度和水量，以及奶牛的精神活跃度，初步评估其健康状况。同时，定期进行粪便检查，观察形状、颜色和气味等特征，以判断奶牛是否存在消化系统疾病。

兽医则进行更专业的健康管理，包括全面体检，如测量体温、呼吸、心率，进行体况评分和生殖系统检查，为制订治疗和管理方案提供依据。

对于怀孕奶牛，兽医需特别关注其妊娠情况，通过B超检查、血液检测等手段，及时发现并处理潜在的妊娠并发症，确保奶牛和胎儿的安全。饲养人员和兽医的日常工作是确保奶牛健康和生产稳定的关键，他们的细致观察和及时处理对于奶牛的健康和生产效益至关重要。通过这些措施，可以有效提升奶牛的健康水平，保障奶牛养殖业的持续发展。

（二）实验室检测

血液、乳汁和粪便样本的检测对评估奶牛健康状况至关重要。血常规和生化指标检测能揭示贫血、感染及内脏疾病等问题，同时反映器官功能和代谢状态。乳汁检测则关注营养成分、微生物含量及乳腺炎等，影响奶牛生产性能和经济效益，还能检测传染病抗体水平，了解免疫状态。粪便检测则主要关注消化系统健康，通过检测微生物含量和粪便性状，判断消化道感染和寄生虫病等问题。

实验室检测不仅能发现当前健康问题，还能通过长期监测分析，发现疾病流行趋势，预估疾病发生概率，实施预防措施。检测结果为奶牛疾病治疗提供科学依据，帮助兽医制订精准有效的治疗方案。这些检测手段是奶牛健康管理的重要环节，有助于确保奶牛健康和生产稳定，提升奶牛养殖业的整体效益。

(三) **疾病预警系统**

建立科学高效的奶牛疾病预警系统至关重要。该系统融合养殖场疾病监测数据、当地疫病流行情报及气象信息，综合分析预测疾病风险，为疫情防控提供前瞻性指导。

疾病监测数据是预警系统的核心，通过实验室检测奶牛样本，及时发现健康状况变化。疫病流行情报包括周边疫情、兽医通报等，了解疫病种类、趋势及影响范围，助力提前防控。

气象信息也是关键，极端天气影响奶牛健康和疾病发生。纳入气象信息，精准预测疾病风险，采取预防措施。

预警系统发出信号时，养殖场应启动应急预案，加强消毒、调整疫苗接种、隔离疑似病牛、优化饲养管理，防止疾病传播，增强奶牛抵抗力。

综上，奶牛疾病预警系统通过多元数据分析，精准预测疾病风险，指导疫情防控，保障奶牛健康，提高生产效益，是奶牛养殖业的重要保障。

第三节　治疗原则与常用药物

一、治疗原则

(一) **早诊断早治疗**

早期诊断对奶牛疾病治疗至关重要，关乎奶牛健康、繁殖性能及养殖效益。及时发现并准确诊断繁殖问题或疾病症状，可为治疗赢得宝贵时间，提高疗效，减少长期损害。

以奶牛繁殖问题为例，发情异常影响受孕率，及时发现并治疗可恢复发情，提高繁殖效率。生殖系统炎症也需早期治疗，避免不孕、流产等后果。兽医应例行检查，发现炎症迹象立即诊断治疗，控制炎症发展。

奶牛还面临其他各种疾病风险，涉及消化、呼吸、运动等多个系统。早期诊断同样关键，兽医需细致观察体检，结合实验室检测和养殖场实际，制订个性化治疗方案。

（二）个体化治疗

处理奶牛健康问题时，需考虑个体差异，制订个体化治疗方案。怀孕奶牛尤为特殊，药物选择需谨慎，确保胎儿安全，避免不良影响。治疗方法也需评估风险，必要时采取保守治疗。老年、体况差或患慢性疾病的奶牛，代谢和排泄能力弱，需调整药物剂量和频率。与饲养人员充分沟通，了解奶牛日常行为和健康状况变化，有助于准确评估病情，及时发现潜在问题。

总之，制订奶牛治疗方案时，应综合考虑年龄、体况、遗传背景、怀孕情况及疾病历史等因素，采取个体化策略，确保治疗安全有效。同时，加强与饲养人员的合作，共同关注奶牛健康，提升治疗效果，保障奶牛生产效益。

（三）综合治疗

处理奶牛繁殖疾病需全面综合治疗。病因复杂，常涉及营养不良、感染等，需个性化治疗。

营养不良与感染并存时，需双管齐下：①调整营养方案，增加关键营养素，确保饲料安全；②进行抗感染治疗，规范使用抗生素，避免耐药。

辅助治疗也很重要。改善饲养环境，保持牛舍清洁干燥通风；增加运动量，提高免疫力。

治疗过程中，兽医和饲养人员需密切关注奶牛反应和病情变化，及时调整治疗方案。同时，加强饲养管理，提高疫苗接种率，预防疾病发生。

总之，全面综合治疗奶牛繁殖疾病，需综合考虑病因、病情和奶牛整体健康，个性化制订方案，结合辅助措施，密切关注病情变化，加强预防工作，确保奶牛健康和生产效益。

二、常用药物

（一）抗生素类

1. 青霉素类

青霉素 G 是奶牛养殖业中常用的抗生素，对革兰氏阳性菌感染有显著疗效，如乳腺炎和子宫内膜炎等，由链球菌、金黄色葡萄球菌等引起。

然而，使用青霉素 G 需注意奶牛可能的过敏反应，如皮疹、呼吸急促，甚至过敏性休克。因此，使用前应进行过敏测试。

此外，剂量和疗程的准确控制对青霉素 G 的疗效至关重要。过量或不足量使用均可能影响治疗效果，并可能导致耐药性产生。

为确保青霉素 G 的有效性和安全性，兽医应根据奶牛体重、病情及药物半衰期等因素，制订个性化的给药方案。

总之，青霉素 G 为治疗奶牛革兰氏阳性菌感染的主要药物，但使用时需注意过敏反应和剂量控制，确保治疗效果和奶牛安全。

2. 头孢菌素类

头孢噻呋作为一种广谱抗生素，因其抗菌谱广、杀菌力强以及耐青霉素酶等特点，在奶牛养殖业中备受青睐。它具备对抗多种细菌的能力，涵盖革兰氏阳性菌与革兰氏阴性菌，对于治疗由这些细菌引起的生殖系统疾病和全身性疾病都具有显著疗效。

在奶牛产后，由于身体机能的变化和免疫力的下降，奶牛容易感染各种细菌，引发产后感染。头孢噻呋因其强大的抗菌能力，常被用于治疗奶牛产后感染，如子宫内膜炎、乳腺炎等。它不仅能够迅速杀灭病原体，还能抑制细菌的生长和繁殖，帮助奶牛快速恢复健康。

然而，在使用头孢噻呋时，也需要遵循严格的用药规范。兽医应根据奶牛的病情和体重，规划恰当的用药方案，以保障药物的有效性和安全性。同时，应密切关注奶牛的反应和病情变化，及时调整治疗方案，以达到最佳的治疗效果。

3. 四环素类

土霉素和多西环素等四环素类抗生素，因其对革兰氏阳性菌和革兰氏阴性菌均具有一定的抗菌作用，同时还能有效抑制立克次氏体和支原体等病原体的生长，因此在奶牛养殖业中被广泛应用于治疗多种感染性疾病。这些抗生素常用于治疗奶牛的呼吸道感染、生殖道感染等，能够有效地缓解病情，帮助奶牛恢复健康。然而，长期使用土霉素和多西环素等抗生素也存在一些潜在的问题。一方面，这些抗生素的广泛使用可能导致细菌耐药性的增加，使得原本敏感的病原体对抗生素产生抵抗，从而影响治疗效果。另一方面，这些抗生素还可能对奶牛的牙齿造成不良影响，导致牙齿变色等问题。因此，在使用这些抗生素时，必须严格按照兽医的指导进行，避免滥用和误用，以确保奶牛的健康和抗生素的有效性。

(二) 激素类

1. 促性腺激素

促卵泡生成素（FSH）和促黄体生成素（LH）是两种重要的生殖激素，在奶牛繁殖管理中扮演着至关重要的角色。FSH 主要作用于卵巢的卵泡细胞，促进卵泡的发育和成熟，为后续的排卵过程奠定基础。而 LH 则主要作用于黄体细胞，促进黄体的形成和分泌孕激素，维持奶牛的妊娠状态。

在奶牛繁殖实践中，FSH 和 LH 常被用于诱导奶牛发情、促进卵泡发育和排卵。对于因内分泌失调导致的发情异常或排卵障碍的奶牛，合理使用 FSH 和 LH 可以有效地调整其生殖激素的平衡，恢复正常的发情周期和排卵功能，从而提高奶牛的受孕率和繁殖效率。

然而，需要注意的是，FSH 和 LH 的使用必须遵循严格的用药规范，避免过量使用或不当使用导致的副作用。同时，在使用这些激素时，还应结合奶牛的个体差异和实际情况，制订个性化的治疗方案，以确保治疗的安全性和有效性。

2. 孕激素

黄体酮是一种关键的孕激素，在奶牛妊娠期间发挥着至关重要的作用。它主要由黄体细胞分泌，能够维持奶牛妊娠的稳定，预防流产的发生。当怀孕奶牛出现先兆流产的症状（如阴道出血、子宫收缩等），黄体酮的保胎治疗作用就显得尤为重要。

通过补充外源性的黄体酮，可以有效地抑制子宫收缩，降低流产的风险。黄体酮还能够促进子宫内膜的发育和营养，为胚胎提供更好的生长环境，从而提高保胎的成功率。

然而，黄体酮的使用也需要在兽医的指导下进行，确保用药的剂量和频率符合奶牛的实际需要。同时，对于保胎治疗的奶牛，还需要进行密切的监测和护理，及时发现并处理任何潜在的健康问题，以确保奶牛和胎儿的安全。

3. 前列腺素类

氯前列醇钠作为一种人工合成的前列腺素，广泛应用于奶牛繁殖管理。它主要通过调节奶牛的生殖激素平衡，实现诱导分娩和溶解黄体等生理功能。

在奶牛繁殖中，氯前列醇钠可用于精确控制奶牛的分娩时间，帮助饲养人员更好地规划生产流程，提高养殖效率。此外，它还能够有效治疗因持久黄体导致的繁殖障碍，促进奶牛的生殖健康。

然而，氯前列醇钠的使用必须严格遵循兽医的指导，确保用药的准确性和安全性。过量使用或不当使用可能导致奶牛出现不良反应，如子宫收缩异常、胎儿窘迫等。因此，在使用氯前列醇钠时，饲养人员应密切关注奶牛的反应和病情变化，及时调整治疗方案。

（三）其他药物

1. 维生素和矿物质补充剂

维生素 A、D、E 等是奶牛繁殖过程中不可或缺的营养元素，它们的缺乏会直接影响奶牛的繁殖性能。例如，维生素 A 缺乏可能导致奶牛发情异常，维生素 D 缺乏则可能影响钙的吸收和利用，进而影响骨骼健康和繁殖能力，而维生素 E 缺乏则与不孕和流产等问题密切相关。

为了补充这些关键营养素，可以使用相应的维生素制剂进行针对性治疗。同样，钙和磷作为构成骨骼和牙齿的主要成分，对奶牛的繁殖健康也至关重要。在钙、磷缺乏或失衡的情况下，可以使用钙磷补充剂或调节钙磷平衡的药物来纠正这一问题，从而恢复奶牛的繁殖能力。

2. 子宫收缩剂

催产素主要用于促进奶牛分娩后的子宫收缩。在奶牛成功分娩后，催产素能够刺激子宫收缩，帮助奶牛更有效地排出胎衣和恶露，从而预防子宫炎等产后并发症的发生。

此外，催产素在人工授精过程中也发挥着积极的作用。在人工授精后，使用适当的子宫收缩剂（如催产素），可以帮助精子更顺利地通过子宫，向输卵管方向移动。这一过程有助于提高精子的存活率和受精率，从而增加奶牛的受孕机会。

然而，催产素的使用需要严格遵循兽医的指导，确保用药的准确性和安全性。过量使用或不当使用均可能对奶牛造成不良影响，因此在使用前应充分了解药物的性质和用法。

第四节 辅助生殖技术的应用

一、人工授精

（一）技术原理与优势

人工授精是一种先进的繁殖技术，它通过将采集并经过精心处理的公牛精液，借助特定的器械精准地注入母牛的生殖道内，从而实现母牛的受孕。这一技术的最大优势在于能够充分利用那些遗传品质优良、生产性能出众的种公牛精液，极大地扩大了优良基因的传播范围，使更多的后代能够继承这些优秀的特性，提高了整个牛群的生产性能和繁殖质量。

此外，人工授精技术还具有重要的疾病预防和控制价值。通过避免公母牛之间的直接接触，人工授精技术显著降低疾病，尤其是那些通过性行为传播的传染病在牛群中的传播风险，为牛群的健康和安全提供了有力的保障。因此，人工授精技术在奶牛养殖业中具有广泛的应用前景和重要的实践意义。

（二）精液采集与处理

1. 精液采集

公牛精液的采集是人工授精技术中的关键环节之一。假阴道法作为最常用的方法，其操作过程需要精细控制各项参数，以确保精液的质量。调节假阴道的温度至适宜范围，保持稳定的压力，以及确保良好的润滑度，这些都是获得高质量精液的关键要素。此外，采集后的精液处理同样重要，需迅速将其放入专门的保温容器中，以维持精液的活力并减少损失。这一过程中，严格的温度控制和及时处理是保障精液质量、提高受孕率的重要环节。操作人员需具备专业技能和丰富经验，以确保每个环节的准确性和有效性。

2. 精液处理

公牛精液的处理过程包括精液的稀释、保存和检查等多个重要环节。稀释精液是其中一项关键步骤，旨在增加精液容量，同时延长精子的存活时间，为人工授精提供足够的精液量。稀释液通常包含糖类以提供能量，缓冲剂以维持适宜的酸碱度，抗菌剂以防止细菌污染。

在保存精液时，可以根据实际需要选择常温保存、低温保存或冷冻保存等不同方法，以确保精子在保存期间的存活率和受精能力。每种保存方法都有其特定的操作要求和条件，需要严格控制。

此外，使用精液前必须进行严格的质量检查，包括评估精子的活力、密度及畸形率等指标，以确保所使用的精液质量符合人工授精的要求，从而提高受孕率和繁殖效果。这些环节的专业性和精细程度，直接影响到人工授精技术的成功率和应用效果。

（三）授精操作与时机

人工授精的授精操作是确保受孕成功的关键步骤，必须严格按照操作规程进行。使用专用的授精枪，操作人员需将精液缓慢而准确地注入母牛的子宫颈内或子宫体（进行深部授精），避免对母牛造成不必要的伤害,并确保精液能够顺利到达受精部位。

选择合适的授精时机同样至关重要。这通常基于母牛的发情表现(如外阴部肿胀、黏液分泌等),以及直肠检查的结果,特别是卵泡的发育情况。一般而言,母牛发情开始后12~24小时是首次授精的最佳时间,并随后在8~12小时进行第二次授精,能显著提升怀孕的成功率。这一过程中,操作人员需要具备丰富的经验和专业知识,以确保每个步骤的准确性和有效性,从而最大限度地提高人工授精的成功率。

二、胚胎移植

(一)技术流程与意义

胚胎移植是一种先进的生物技术,在奶牛养殖业中具有广泛的应用价值。它主要包括供体母牛的超数排卵、胚胎采集、胚胎检查以及受体母牛的胚胎移植等多个环节。通过这一系列精细的操作,可以实现优良品种奶牛的快速扩繁。

供体母牛经过超数排卵处理后,能够产生更多的胚胎,从而增加优良基因的传播机会。随后,通过胚胎采集和检查,筛选出健康的胚胎进行移植。这一技术使那些具有优良繁殖性状的奶牛能够在短时间内产生更多的后代,加速优良品种的推广和应用。

此外,胚胎移植技术还能够解决一些受体母牛因生殖系统疾病或其他原因导致的不能正常受孕的问题。通过将健康胚胎移植到这些受体母牛体内,可以实现其怀孕和繁殖,从而提高繁殖利用率,为奶牛养殖业的发展注入新的活力。

(二)供体母牛的超数排卵与胚胎采集

1. 超数排卵

在胚胎移植技术中,超数排卵是至关重要的一步。为了实现供体母牛卵巢上多个卵泡的同时发育和排卵,通常会采用注射促性腺激素的方法。促性腺激素,如促卵泡生成素(FSH)和促黄体生成素(LH)及其类似物,能够有效刺激卵巢活动,促进卵泡的发育和成熟。

在超数排卵处理过程中，对供体母牛的发情表现和卵泡发育情况进行密切观察至关重要。饲养人员需定期通过直肠检查等方法，仔细评估卵泡的大小、数量和发育阶段，以确保准确判断最佳的配种时间。这一环节的专业性和准确性，直接关系到后续胚胎采集的数量和质量，进而影响整个胚胎移植技术的成功率和效率。因此，必须高度重视并严格执行相关的操作规程和技术标准。

2. 胚胎采集

在供体母牛成功配种后的特定时间段，一般为配种后的6~8天，进行胚胎采集是胚胎移植技术的关键步骤之一。这一环节可以采用手术法或非手术法来完成。非手术法因其操作简便、对母牛伤害小等，已成为目前的主流方法。

采用非手术法采集胚胎时，技术人员会使用特殊的采卵器械，通过阴道和子宫颈轻柔地插入子宫内部。随后，利用冲卵液将胚胎从子宫壁上冲刷下来，并收集到特定的容器中。采集到的胚胎需在显微镜下进行仔细检查，以评估其质量、发育阶段和健康状况。

只有经过严格筛选，质量上乘的胚胎才会被用于后续的移植操作。这一过程的精细程度和准确性，直接关系到胚胎移植的成功率和受体母牛的受孕率，因此必须高度重视并严格执行相关的操作规程。

（三）受体母牛的准备与胚胎移植

1. 受体母牛准备

在胚胎移植的环节中，挑选合适的受体母牛极为关键，以保障移植的胚胎能在一个理想的环境中着床和发育，必须选择与供体母牛同期发情的健康受体母牛。受体母牛的选择需综合考虑其年龄、体况和繁殖史等多个因素。年龄适宜的受体母牛通常具有更好的繁殖能力和妊娠维持能力。体况良好的受体母牛则能够为胚胎提供充足的营养支持。同时，了解其繁殖史有助于评估其受孕潜力和可能存在的繁殖问题。

为了使受体母牛的生殖系统处于适合胚胎着床和发育的状态，可以通过药物处理等方法进行调整。例如，使用孕激素等药物可以同步受体母牛的发情周期，使其与供体母牛的发情时间保持一致。这些处理措施旨在优化受体母牛的生理状态，为胚胎移植的成功打下坚实基础。

2. 胚胎移植

在胚胎移植的环节中，将精心挑选的胚胎安全、准确地移植到受体母牛的生殖道内是核心步骤。根据具体情况，可以选择手术法或非手术法进行移植。非手术法因其操作简便、对受体母牛干扰小而被广泛应用。

采用非手术法移植时，技术人员会使用胚胎移植枪这一专业器械，将胚胎精准地注入受体母牛子宫角的合适位置。这一过程要求极高的操作技巧和精准度，以确保胚胎能够在最佳环境中着床和发育。

移植完成后，受体母牛需要接受精心的护理和密切的监测。饲养人员需定期检查其身体状况，观察是否出现妊娠反应，如食欲增加、腹部隆起等，以确保移植的胚胎能够成功着床并维持正常的妊娠过程。这一阶段的细致管理对于提高胚胎移植的成功率至关重要。

三、其他辅助生殖技术

(一) 性别控制技术

性别控制技术在奶牛繁殖领域展现出了独特的应用潜力，为养殖者提供了前所未有的选择空间。通过先进的精子分离技术，科学家们能够精确地将含有 X 染色体和 Y 染色体的精子区分开来，进而根据实际需求选择特定性别的精子进行人工授精，从而实现对后代性别的精准控制。

在奶牛养殖实践中，这一技术的运用尤为关键。例如，当养殖者需要增加雌性奶牛的数量以提升产奶量时，他们可以选择使用富含 X 染色体的精子进行授精，确保后代中雌性奶牛的比例增加。当前，精子分离技术主要包括流式细胞仪分离法等多种方法，这些方法虽然操作相对复杂且成本较高，但其在性别控制方面的准确性和可靠性却无可挑剔。

随着技术的不断进步和成本的逐渐降低，性别控制技术在奶牛繁殖中的应用前景将更加广阔，为奶牛养殖业的可持续发展注入新的活力。

(二) 体外受精技术

体外受精技术为奶牛繁殖领域带来了革命性的突破，它实现了在体外模拟自然受精环境，使奶牛的卵子和精子在人工控制下完成受精过程。这一技术不仅极大地拓宽了优良母牛卵子资源的利用范围，而且对于那些因生殖系统疾病无法正常排卵或受精的母牛而言，更是提供了新的繁殖可能。

体外受精技术的实施过程包括卵子采集、精子处理、体外受精以及胚胎培养等多个关键环节。这些步骤都需要在设备齐全、条件严格的实验室环境中进行，以确保整个过程的精确性和安全性。卵子采集通常通过手术或非手术方法进行，而精子则需要经过筛选和处理，以提高受精的成功率。在体外完成受精后，受精卵会被培养至一定阶段，再移植到健康的母牛体内，或进行冷冻保存以备后续使用。

随着技术的不断进步和完善，体外受精技术将在奶牛养殖业中发挥越来越重要的作用。

第五节 心理与环境因素的调整

一、心理因素对奶牛繁殖的影响及调整

(一) 应激与繁殖障碍

奶牛在养殖中易受多种应激因素影响，包括物理移动、环境变化、社交应激及饲养管理不当等。长途运输、转群、气温波动、光照改变、饲养环境不佳、饲料质量下降、饮水不足、饲养密度不当及缺乏运动空间等，均可能触发奶牛应激反应。

应激导致奶牛体内应激激素分泌增加，短期内有助于应对威胁，但长期高水平应激激素会抑制生殖激素分泌，打乱发情周期，导致发情延迟、不规律甚至不发情，降低繁殖效率。

因此，为维持奶牛健康和提高生产性能，需关注并减轻应激因

素，如优化运输条件、稳定饲养环境、合理管理饲养密度、保证饲料质量和饮水供应、提供适当运动空间等，以减少应激对奶牛繁殖周期和整体生产性能的负面影响。

(二) 减少应激的措施

1. 稳定的饲养管理

为减轻奶牛养殖中的应激反应，需保持饲养人员、饲料和投喂时间的稳定。稳定的饲养人员能让奶牛建立信任，减少不安。饲料类型和配比应保持稳定，避免突然更换破坏消化平衡。投喂时间需规律准确，帮助奶牛形成良好饮食习惯，提高饲料利用率。

日常管理如挤奶、转群时，饲养人员应轻柔缓慢，避免粗暴操作带来额外刺激。通过逐步引导，让奶牛适应操作，降低应激反应。

总之，保持饲养人员、饲料和投喂时间的稳定，以及日常管理操作的轻柔缓慢，是减轻奶牛应激反应、保障其健康和生产性能的关键。这些措施有助于奶牛适应养殖环境，提高整体生产效益。

2. 提供舒适的环境

为了给奶牛营造一个安静、舒适的生活环境，牛舍内的环境条件需要得到精心调控。

首先，温度是一个关键因素，奶牛对温度极为敏感，过高或过低的温度条件均会对它们产生不利影响。在炎热的夏季，牛舍内应采取有效的防暑降温措施，如安装风扇以促进空气流通，设置喷淋设备为奶牛提供凉爽的感觉。而在寒冷的冬季，则需要做好保暖工作，确保牛舍内的温度不低于奶牛舒适的范围，以减少其因寒冷而产生的应激反应。

其次，湿度同样需要适宜，过高或过低的湿度都可能影响奶牛的健康。

再次，通风条件也至关重要，良好的通风可以有效排出牛舍内的有害气体和湿气，保持空气清新。

最后，噪声和强光等不良刺激也是影响奶牛生活质量的重要因素。

因此，在牛舍设计和日常管理中，应尽量减少这些不良刺激，为奶牛创造一个宁静、舒适的生活环境，促进其健康和生产性能的提升。

二、环境因素对奶牛繁殖的影响及调整

(一) 温度和湿度

1. 高温高湿

高温高湿环境对奶牛生存构成了严峻的挑战，特别是当温度超过奶牛的热中性区范围时，奶牛会产生严重的热应激反应。热应激不仅会让奶牛感到极度不适，还会对其生理机能造成显著影响。

在热应激状态下，奶牛的采食量通常会大幅下降，因为高温会降低其食欲，同时为了散热，奶牛会减少能量消耗，包括咀嚼和消化食物所需的能量。这会导致奶牛的营养摄入不足，影响其消化和代谢过程，进而对繁殖性能产生负面影响。

具体来说，热应激会扰乱奶牛的发情周期，使其变得不规律，难以预测。此外，受胎率也会因此降低，即使成功受孕，胚胎的死亡率也可能增加。这些不良影响在夏季高温潮湿地区尤为显著，如果缺乏有效的防暑降温措施，奶牛的繁殖效率将大幅下降，给养殖业带来严重损失。

2. 低温高湿

低温高湿环境对奶牛同样构成了不小的威胁。在这种环境下，奶牛容易受寒，其体温调节能力会受到挑战，导致免疫力下降，从而增加呼吸道疾病和其他疾病的发生风险。

湿冷的环境不仅会让奶牛感到寒冷不适，还会加剧其体热散失，使其难以维持正常的体温。长时间的低温高湿暴露可能导致奶牛体质下降，影响其整体健康状况。

更为严重的是，这种环境还会对奶牛的繁殖性能产生不利影响。湿冷条件可能干扰奶牛的发情周期，使其变得不规律或难以察觉，从而降低受孕率。即使奶牛成功发情并受孕，湿冷环境也可能增加胚胎发育异常和流产的风险。

因此，在冬季或寒冷潮湿的季节，必须采取有效的措施来保持牛

舍内的温暖和干燥，为奶牛提供一个舒适的生活环境，以减少疾病的发生，保障其繁殖性能和整体健康。这包括加强牛舍的保温性能、提高通风效率以及使用适当的加热设备等。

（二）通风与空气质量

良好的通风是确保牛舍内空气质量、维护奶牛健康的重要一环。通过有效的通风，可以持续保持牛舍内空气新鲜，有效减少氨气、硫化氢等有害气体的含量，为奶牛营造更优质的生活环境。

高浓度的有害气体对奶牛的健康构成严重威胁。氨气是一种无色且具有强烈刺激性气味的气体，当其在牛舍内积累到一定浓度时，会严重刺激奶牛的呼吸道黏膜和眼睛，引发呼吸道疾病和眼部炎症。这不仅会影响奶牛的正常呼吸和视力，还可能导致其采食量下降，进而影响到整体健康状况和繁殖性能。

硫化氢同样是一种有害气体，它会对奶牛的呼吸系统、神经系统等产生损害，严重时甚至可能导致奶牛死亡。

因此，牛舍的设计必须充分考虑通风系统的合理性。通风量应根据奶牛的饲养密度、季节变化以及牛舍内外的温差等因素进行灵活调整。在夏季高温季节，应加大通风量以促进散热；而在冬季寒冷季节，则需在保持温暖的同时，确保空气流通，避免有害气体积累。通过科学的通风管理，为奶牛打造一个有利于健康且舒适的生活空间。

（三）牛舍卫生与舒适度

保持牛舍清洁卫生，定期清理粪便和污水，更换垫料，可以减少细菌、寄生虫等病原体的滋生，降低奶牛疾病发生率，有利于繁殖。同时，提供合适的牛床，保证奶牛有舒适的躺卧空间。牛床的设计要考虑奶牛的体型和活动特点，表面应柔软、干燥且有一定的防滑性。合适的牛床可以减少奶牛因滑倒、受伤而引发的健康问题，这些问题可能间接影响繁殖，比如受伤感染后可能引发全身性炎症反应，干扰生殖激素平衡或影响生殖器官的正常功能。

此外，牛舍的空间布局也很重要。要保证奶牛有足够的活动空间，避免过度拥挤。过度拥挤会增加奶牛之间的应激和相互攻击的可能性，导致奶牛体表受伤和心理压力增大。而且，拥挤的环境不利于空气流通和卫生维护，容易引发疾病传播，对奶牛的繁殖性能产生负面影响。

对于放牧饲养的奶牛，牧场的环境质量同样关键。牧场的植被状况、水源质量和寄生虫防控都需要重视。优质的牧草可以为奶牛提供充足的营养，而受污染的水源可能导致奶牛感染肠道寄生虫或其他病原体，影响奶牛的整体健康和繁殖。定期对牧场进行驱虫处理和水源检测，是保障放牧奶牛繁殖健康的重要措施。

第六章 案例分析

第一节 奶牛典型繁殖障碍性疾病案例研究

案例一 流产率异常增高——营养与感染双重挑战

(一) 背景概述

位于我国东北部的某大型牧场,拥有 500 头泌乳奶牛,自 2020 年起,该牧场遭遇流产率异常增高的问题,流产率高达 20%,远超行业平均水平。这不仅导致犊牛存活率下降,还严重影响了母牛的再次受孕能力和产奶量,给牧场带来了巨大的经济损失。

(二) 症状描述

流产的奶牛会表现出极为明显的体力衰退迹象,它们的行动变得迟缓,精神不振,整体活力大幅下降。同时,其泌乳量会出现急剧减少,甚至完全停止的情况,这对于奶牛养殖业来说,无疑是一个巨大的打击。在流产后,奶牛的子宫恢复过程也显得异常缓慢,这无疑增加了它们恢复健康的难度和时间。更为严重的是,部分流产的奶牛还会伴有全身性的感染症状。这些症状包括但不限于体温升高,出现发热情况,食欲明显减退,对平时喜爱的食物也表现得毫无兴趣,甚至可能出现拒绝进食的情况。这些全身性感染症状的出现,进一步加剧了奶牛的健康危机。

(三) 深入分析

1. 营养因素

养殖场饲料配方缺乏必要能量、高质量蛋白质、关键矿物质

（硒、铜、锌等）和维生素（A、E）会严重影响牲畜健康和生产性能。这些营养素对维持生理功能、确保母畜健康、促进胎儿发育和增强免疫功能至关重要。

能量不足导致体力下降、生产性能降低，影响繁殖能力。蛋白质是构成牲畜组织和器官的基础，对生命活动、生长和修复受损组织至关重要。矿物质参与多种生物化学反应，维持骨骼健康、抗氧化能力、免疫功能和繁殖性能。

维生素A对视觉功能、皮肤健康和免疫功能有重要影响，缺乏会导致视力下降和免疫功能减弱。维生素E对抗氧化防御系统至关重要，不足会引发氧化应激反应，损害细胞。

因此，均衡全面的饲料配方必须满足牲畜对各种营养素的需求，确保其健康高效生产。

2. 感染因素

科研人员发现流产奶牛样本中含新孢子虫、牛病毒性腹泻病毒和传染性鼻气管炎病毒，对牛群健康构成威胁。新孢子虫通过水平和垂直传播，引起胎儿死亡、流产等后果。牛病毒性腹泻病毒具有高度传染性，通过直接接触、飞沫等途径传播，引起母牛腹泻、发热等症状，同时增加流产、死胎风险。传染性鼻气管炎病毒主要引起牛呼吸道疾病，通过飞沫、接触等方式迅速扩散，还能通过垂直传播感染胎儿，导致发育受阻、流产等问题。这些病原体的存在提醒养殖场管理和疾病防控工作的重要性，需加强监测和防控措施，防止病原体在牛群中传播，保障牛群健康和繁殖性能。

（四）治疗过程

1. 营养补充

养殖场管理者针对奶牛流产率上升和病原体感染问题，全面调整饲料配方。精选高蛋白、易消化的饲料原料，如豆粕，确保奶牛获得充足蛋白质。同时，加入玉米、大麦等高能量饲料，满足奶牛能量需求，降低流产风险。此外，管理者特别关注微量元素和维生素的补充，添加硒、铜、锌等微量元素和维生素A、E，维护奶牛健康。并且，建立定期监测机制，评估奶牛营养状况和健康水平，及时调整饲料配方。这些措施旨在提升奶牛营养水平，增强抵抗力，降低流产率和病原体感染风险，确保奶牛获得全面、均衡的营养支持，维护养殖场牛群的健康和生产性能。

2. 药物干预

养殖场管理者针对感染新孢子虫、牛病毒性腹泻病毒和传染性鼻气管炎病毒的牛只，迅速采取了综合治疗措施。他们使用抗病毒药物抑制病毒复制，广谱抗生素预防和治疗细菌感染，同时采用孕酮进行激素治疗，促进子宫复旧和内分泌系统恢复。治疗过程中，管理者密切关注牛只病情变化，调整治疗方案，并加强饲养管理，提供优质饲料和清洁饮水。这些措施有效控制了感染，促进了牛只康复，降低了死亡率，减少了经济损失。这些提醒我们，面对养殖场疾病时，应迅速科学治疗，确保牛只健康和生产性能。养殖场管理者需加强疾病监测和防控，及时采取措施，维护牛群整体健康，保障牧场经济效益。

3. 子宫清洁

养殖场管理者对流产后的母牛采取子宫灌洗护理措施，以清除子宫残留物，减少继发感染风险，促进子宫快速恢复。子宫灌洗通常在流产后立即进行，使用生理盐水作为灌洗液，安全无刺激，有效冲洗残留污染物。同时，加入抗生素溶液杀灭或抑制细菌生长，防止继发感染，根据实验室检测结果选择敏感抗生素。管理者规范操作，使用专业设备和无菌技术，确保不引入新污染源，并密切监测母牛反应和病情变化。这一措施成功降低继发感染风险，促进母牛子宫恢复，为其后续繁殖周期提供有力保障。养殖场管理者需加强流产后护理，确保母牛健康和生产性能，维护养殖场经济效益。

（五）治疗效果

经过三个月治疗与营养干预，养殖场流产率从20%降至5%，显著改善母牛健康和泌乳性能。养殖场采取了科学措施，包括抗病毒与抗生素治疗、孕酮辅助治疗，有效控制病原体扩散，促进子宫复旧。营养方面，调整饲料配方，增加优质蛋白质、能量和微量元素，补充维生素A和E，满足母牛营养需求，提升免疫力。定期监测营养状况，确保饲料均衡。此外，优化饲养环境，保持牛舍清洁干燥，减少病原体滋生。改善日常管理，合理分群、定期消毒，以达到降低疾病风险的目的。经过养殖场管理者和兽医团队的不懈努力，使流产率接近甚至优于行业平均水平，展现疾病防控、营养管理和饲养环境优化等方面的成效，为母牛健康和生产性能提供有力保障，维护了养殖场经济效益。

（六）经验总结

营养均衡是预防奶牛流产的关键，养殖场管理者需定期评估饲料配方，精确调整蛋白质、能量、矿物质和维生素等关键营养素，以满足奶牛的生长、生产和健康需求。同时，定期进行饲料质量检测，确保饲料安全。此外，血清学检测能及时发现病原体感染（如新孢子虫、牛病毒性腹泻病毒等），对感染牛只隔离治疗，防止扩散。实施疾病净化计划，加强健康管理，提高疫苗接种率，减少病原体传播风险。养殖场卫生管理同样重要，定期清洁消毒牛舍、运动场和饲养工具，减少病原体滋生。加强日常观察，及时处理异常情况，确保奶牛整体健康。养殖场管理者应综合考虑营养均衡、血清学检测、疾病净化和卫生管理等多方面措施，预防奶牛流产，提升牛群健康和生产性能，维护牧场经济效益。

案例二　重复配种与乏情——多因素交织的难题

（一）背景概述

某规模化养殖场近期遭遇了一系列挑战，其中最为突出的是奶牛重复配种率高以及乏情现象频发的问题。这两个问题不仅直接导致了奶牛繁殖周期的延长，还显著增加了养殖场的生产成本，对养殖场的经济效益和可持续发展构成了严峻威胁。

（二）症状描述

在规模化养殖场的运营过程中，部分奶牛在产后 60 天的关键恢复期内未能如期自然发情，或者即便出现了发情迹象，在随后的配种过程中也未能成功受孕，往往需要经历多次配种尝试才能最终确认怀孕。这一连串的问题不仅延长了奶牛的繁殖周期，对养殖场整体的生产效率和经济效益均造成了不利影响，还增加了管理上的复杂性和成本投入。

（三）深入分析

1. 配种管理

首先，配种时机的选择至关重要。奶牛的发情周期具有一定的规律性，但也会受多种因素的影响而发生波动。如果养殖场管理者未能准确掌握奶牛的发情规律，或者未能及时观察到奶牛的发情表现，就可能导致配种时机的选择不当。过早或过晚的配种都可能影响受孕率，甚至导致配种失败。因此，养殖场管理者需要加强对奶牛发情行为的观察和学习，提高判断发情时机的准确性。

其次，精液质量是影响受孕率的关键因素之一。优质的精液应该包含足够数量、活力强、形态正常的精子。然而，在养殖场实际操作中，由于采集、储存和处理等环节的不当，可能导致精液质量下降。例如，采集精液时使用的器械不干净、储存精液的温度和时间控制不当、精液稀释液的选择不合适等，都可能影响精子的存活率和受精能力。因此，牧场需要建立严格的精液采集、储存和处理流程，确保精液的质量。

最后，输精技术的规范性也是影响受孕率的重要因素。输精技术包括输精器的选择、输精部位的确定、输精量的控制等。如果牧场管理者在输精过程中操作不规范，就可能损伤奶牛的生殖道，或者导致精液未能准确送达受精部位，从而影响受孕率。因此，养殖场管理者需要加强对输精技术的培训和学习，提高输精操作的准确性和规范性。

2. 疾病影响

生殖道感染是影响奶牛繁殖性能的重要因素之一。弧菌病和滴虫病是两种常见的生殖道感染疾病。弧菌病通常由某些特定种类的弧菌引起，这些细菌可能通过水源、饲料或接触传播给奶牛，导致生殖道炎症，影响发情和受孕。滴虫病则是由阴道毛滴虫引起的，这种寄生虫能在奶牛的生殖道内繁殖，引发炎症和不适，同样会干扰正常的发情周期和受孕过程。

奶牛在产后常患的一种生殖系统疾病——子宫内膜炎，它可能由多种病原体引起，包括细菌、病毒和真菌等。子宫内膜炎会导致子宫内膜发炎、充血和水肿，严重时还可能形成脓液积聚。这些病理变化会干扰受精卵的正常着床和发育，从而降低受孕率。此外，子宫内膜炎还可能引发奶牛发情异常，如发情周期延长、发情表现不明显等，进一步增加了配种失败的风险。

卵巢囊肿是奶牛生殖系统中的另一种常见疾病，它通常与内分泌失调有关。卵巢囊肿会导致奶牛体内激素水平失衡，影响发情周期的正常进行。患有卵巢囊肿的奶牛可能出现发情不规律、发情持续时间短或发情表现不明显等症状，这些都会增加配种难度和失败率。

3. 营养与环境

营养不良是导致奶牛繁殖性能下降的主要原因之一。奶牛在繁殖期间需要消耗大量的能量和营养物质，以支持胎儿的发育和自身的生理需求。如果养殖场提供的饲料不能满足奶牛的营养需求，或者饲料中的营养成分不均衡，就会导致奶牛营养不良，进而影响其发情、受孕和产犊等繁殖性能。营养不良的奶牛可能会出现发情周期不正常、发情时间短暂以及发情迹象不明显等症状，严重时甚至可能导致不孕。应激因素也是影响奶牛繁殖性能的重要因素。奶牛是敏感的动物，对环境变化非常敏感。在养殖场运营中，奶牛可能会面临多种应激因素，如热应激、冷应激等。热应激通常发生在夏季高温时期，奶牛为了散热会大量出汗，导致体内水分和电解质失衡，同时也会影响食欲和消化功能，进而影响营养物质的吸收和利用。冷应激则发生在冬季寒冷时期，奶牛为了保持体温会消耗大量的能量，同时寒冷的环境也可能导致奶牛免疫力下降，增加患病风险。这些应激因素都会干扰奶牛的正常生理功能，进而影响其繁殖性能。饲养密度过高同样是影响奶牛繁殖性能的一个重要负面因素。在规模化养殖场中，为了降低成本和提高效率，往往会将大量的奶牛集中饲养在一起。然而，过高的饲养密度会导致奶牛之间的竞争加剧，争夺食物、水源和休息空间等资源，进而增加奶牛的应激水平和心理压力。此外，过高的饲养密度还可能导致空气流通不畅、环境卫生条件恶化等问题，增加奶牛患病的风险。这些问题都会对奶牛的繁殖性能产生直接或间接的影响。

(四) 疾病治疗过程

对于确诊患有生殖道感染的牛只，养殖场兽医团队应立即行动，依据病原体的种类和药敏试验结果，选用对病原体敏感的抗生素进行抗菌和消炎处理。这一步骤的关键在于精准用药，既要确保抗生素能够有效杀灭或抑制病原体，又要避免滥用抗生素导致的耐药性问题和药物残留问题。治疗过程中，还需密切关注牛只的病情变化和药物反应，适时调整治疗方案，确保治疗效果。针对卵巢囊肿这一常见生殖系统问题，养殖场同样需要采取针对性的治疗措施。卵巢囊肿的发生往往与奶牛体内激素水平失衡有关，因此，激素治疗成为一种常见的选择。利用注射促性腺激素释放激素或其类似物的手段，能激发垂体分泌出促性腺激素，从而实现对卵巢功能的调节，促进卵泡发育和排卵。然而，激素治疗并非对所有卵巢囊肿病例都有效，对于部分顽固性或体积较大的囊肿，可能需要考虑手术治疗。手术治疗通常包括囊肿穿刺抽液、囊肿切除术等，旨在直接去除病灶，恢复卵巢的正常功能。在实施这些治疗措施的同时，养殖场还需注意对牛只的饲养管理和环境控制。营养不良、应激因素（如热应激、冷应激）以及饲养密度过高都可能影响牛只的康复进程。因此，养殖场应提供营养均衡的饲料，确保牛只获得足够的能量、蛋白质和微量元素，以支持其免疫系统和生殖系统的恢复。同时，优化养殖场环境，减少应激因素，如提供适宜的温湿度条件，合理安排饲养密度，减少牛只间的争斗和压迫，也是促进牛只康复的重要因素。

1. 营养补充

面对奶牛生殖系统疾病频发及繁殖性能下降的问题，调整饲料配方以优化营养摄入成为一项至关重要的策略。通过增加必需氨基酸、维生素 E 和硒等关键营养素的供应，可以有效改善奶牛的体质，进而提升其繁殖性能。

首先，必需氨基酸是奶牛体内蛋白质合成的基石，对于维持生殖系统的正常结构和功能至关重要。在饲料配方中增加赖氨酸、蛋氨酸等必需氨基酸的含量，可以显著提升奶牛体内蛋白质的利用率，有助于卵泡的成长和胚胎的着床过程，进而提升受孕和繁殖成功率。

其次，维生素 E 是一种强大的抗氧化物质，它可以防止奶牛体内脂质受到氧化损害，维持生殖细胞膜的完整性和稳定性。同时，维生素 E 还能促进性激素的合成和分泌，调节奶牛的发情周期，使其更加规律且易于观察，为准确判断配种时机提供有力支持。因此，在饲料中适量添加维生素 E，对于提高奶牛的繁殖性能具有重要意义。

最后，硒是奶牛体内多种抗氧化酶的重要组成部分，对于抵抗氧化应激、维护生殖系统健康同样不可或缺。硒的缺乏会导致奶牛免疫功能下降，增加生殖道感染的风险。

因此，在饲料配方中增加硒的含量，可以有效提升奶牛的免疫力，减少生殖系统疾病的发生，从而保障其繁殖性能的稳定发挥。在实施这些营养调整措施时，养殖场管理者需要密切关注奶牛的营养需求和生理状态，制订个性化的饲料配方。同时，还应定期对饲料进行营养成分分析，确保关键营养素的充足供应。此外，加强饲养管理，提高饲料的消化吸收率，也是提升奶牛体质和繁殖性能的重要手段。

2. 配种优化

在规模化牧场中，面对奶牛繁殖性能的挑战，采用先进的技术和管理手段成为提升繁殖效率的关键。其中，人工授精技术和 B 超监测卵泡发育成为不可或缺的工具，而技术人员的定期培训则是确保这些技术有效实施的重要保障。

一方面，人工授精技术以其高效、精准的特点，成为现代牧场繁殖管理的重要组成部分。通过人工采集优质精液，经过严格的处理和筛选，确保每一滴精液都具备最佳的受精能力。在人工授精过程中，养殖场管理者需确保所有操作都符合卫生标准，以减少病原体传播的风险，同时确保精液在适宜的温度和条件下保存，以维持其活性和稳定性。这一技术的应用，不仅提高了精液的利用率，还显著降低了因自然交配带来的疾病传播风险，从而保障了奶牛的健康和繁殖性能。

另一方面，B 超监测卵泡发育成为判断配种时机的"金标准"。通过定期对奶牛进行 B 超检查，可以直观、准确地观察到卵泡的大小、形态和发育阶段，从而精准把握最佳的配种时机。这一技术的应用，极大地提高了配种的精准性和成功率，减少了因配种时机不当而导致的受孕失败。同时，B超监测还能及时发现卵巢囊肿等生殖系统疾病，为早期干预和治疗提供了可能。然而，技术的有效实施离不开技术人员的专业支持。

因此，对养殖场技术人员进行定期培训成为提升繁殖效率的关键环节。培训内容不仅涵盖人工授精、B超监测等专业技能，还包括生殖系统疾病识别与防治、饲料营养与饲养管理等综合知识。通过培训，技术人员能够不断更新知识结构，提升专业技能，从而更好地服务于养殖场的繁殖管理工作。

（五）治疗效果

经过为期两个月的精心治疗与优化管理策略的实施，养殖场在奶牛繁殖性能方面取得了显著成效。一系列针对性的措施，包括调整饲料配方以增强奶牛体质、采用人工授精技术确保精液质量、利用B超监测卵泡发育以精确把握配种时机，以及对技术人员进行定期培训以提升专业技能，共同促进了养殖场繁殖效率的全面提升。在此期间，养殖场重复配种率显著下降，这一积极变化直接反映了治疗措施和管理优化的有效性。以往部分奶牛因体质虚弱、发情不规律或配种时机把握不当等原因，往往需要经历多次配种才能成功受孕。而现在，随着养殖场管理水平的提升和繁殖技术的改进，奶牛的发情周期逐渐恢复正常，发情表现更加明显且规律，使得配种时机的选择更加准确，从而大大降低了重复配种的需求。同时，乏情现象也得到了有效控制。乏情，即奶牛在应该发情的时间内未能表现出发情症状，是导致繁殖效率下降的重要原因之一。通过营养调整、疾病治疗以及环境优化等措施，养殖场成功激发了奶牛的发情机制，使得更多奶牛能够在适宜的时间内正常发情，为成功受孕创造了有利条件。更为重要的是，随着发情周期的恢复和配种时机的准确把握，母牛的受孕率得到了显著提高。这不仅意味着每头母牛成功怀孕的概率增加，也意味着养殖场整体繁殖效率的提升。受孕率的提高直接关联着养殖场生产效益的改善，因为更多的母牛能够按时怀孕并顺利产犊，将为养殖场带来更加稳定和可观的收益。

(六) 经验总结

在规模化养殖场运营中，建立健全的配种管理制度是确保奶牛繁殖性能稳步提升的关键一环。这一制度不仅涵盖了配种技术的规范化操作，还严格把控了精液质量，为奶牛的成功受孕提供了有力保障。

首先，配种管理制度要求所有技术人员必须遵循严格的配种操作流程，从精液的采集、处理、保存到授精的每一个环节，都需按照既定的标准和程序进行。这不仅确保了精液在处理过程中的安全性和有效性，还避免了因操作不当而导致的污染或损伤。同时，养殖场还需定期对精液进行质量检测，包括活力、密度、形态等方面的评估，以确保每一份用于授精的精液都具备最佳的受精能力。

其次，定期进行健康检查是及时发现并治疗生殖系统疾病的重要手段。养殖场应建立完善的健康监测体系，定期对奶牛进行生殖道检查、病原体筛查以及B超监测等，以全面评估其生殖系统的健康状况。一旦发现异常，如生殖道感染、卵巢囊肿等，应立即实施有针对性的治疗方案，以阻止病情的持续加剧，减少对繁殖性能的影响。

最后，优化饲养环境也是提升奶牛繁殖性能不可或缺的一环。养殖场应提供适宜的温湿度条件，合理安排饲养密度，确保奶牛有足够的活动空间和舒适的休息环境。同时，还需关注饲料的质量和营养均衡，提供充足的能量、蛋白质和微量元素，以满足奶牛在不同生理阶段的需求。通过这些措施，可以有效减少应激因素对奶牛的影响，提高其舒适度和免疫力，从而间接促进繁殖性能的提升。

在实施这些管理制度和措施的过程中，养殖场管理者还需注重数据的收集与分析。通过记录每一次配种的结果、奶牛的健康状况以及繁殖性能的变化，可以及时发现并解决潜在的问题，为优化管理策略提供科学依据。同时，数据的积累还能为养殖场未来的发展规划提供有力支持。

因此，建立健全的配种管理制度、定期进行健康检查以及优化饲养环境等措施，共同构成了提升奶牛繁殖性能的综合体系。这些措施的实施不仅有助于减少疾病对繁殖性能的影响，还能提高奶牛的舒适度和免疫力，为养殖场的可持续发展奠定坚实基础。

案例三 卵巢机能不全——内分泌系统的挑战

（一）背景概述

近期，某养殖场遭遇了一项挑战，即部分奶牛出现了发情周期异常的情况。这些奶牛的发情间隔明显延长，且发情表现变得不明显，如外阴部肿胀程度减轻、黏液分泌减少等，导致养殖场管理人员难以准确判断其发情状态。这一现象直接影响了奶牛的受孕率，使得养殖场整体的繁殖效率下降。面对这一困境，养殖场管理者迅速行动，组织技术人员进行原因分析，并着手制订针对性的解决方案，以期尽快恢复奶牛的正常发情周期，提高受孕率，保障养殖场的生产效益。

（二）症状描述

奶牛发情周期的不规律给养殖场管理带来了不小的挑战。一些奶牛的发情周期变得异常，有时甚至出现长达数月不发情的情况，导致养殖场难以准确地预测其繁殖周期。而当奶牛发情时，其表现也变得微弱，如外阴部肿胀程度减轻、黏液分泌减少等，使得管理人员难以察觉。这种发情周期的不规律和发情表现的微弱，不仅影响了奶牛的受孕率，还增加了养殖场的管理难度和成本。因此，养殖场需要采取有效措施，如优化饲养管理、加强健康监测等，以改善奶牛的发情状况，提高繁殖效率。

（三）深入分析

1. 营养不足

饲料中如果缺乏关键营养素，如维生素 E、硒以及某些必需氨基酸，会直接影响奶牛的卵巢功能。这些营养素对于维持卵巢的正常结构和功能至关重要，缺乏它们会导致卵巢发育受阻，进而影响奶牛的发情周期和繁殖性能。因此，确保饲料营养均衡，是保障奶牛繁殖健康的重要一环。

2. 内分泌失调

HPO 轴作为奶牛体内调节繁殖功能的核心机制，其正常运作对于维持发情周期和成功受孕至关重要。然而，当这一轴系发生功能障碍时，会导致卵泡刺激素与黄体生成素的分泌发生异常变化。卵泡刺激素负责促进卵泡的生长和发育，而黄体生成素则对排卵过程起着关键作用。若这两种激素的分泌失衡，将直接影响卵泡的正常发育和排卵过程，进而引发发情周期不规律、受孕率下降等一系列繁殖问题。因此，维护 HPO 轴的正常功能，是保障奶牛繁殖健康的关键。

3. 疾病与应激

长期暴露于应激环境或患有慢性疾病，如乳腺炎、子宫炎等，会对奶牛的内分泌系统产生深远的影响。应激源可能包括不良饲养环境、高温或寒冷天气、运输过程中的颠簸等，这些因素都会导致奶牛体内应激激素（如皮质醇）的分泌增加。长期处于应激状态会干扰 HPO 轴的正常功能，影响促卵泡素、促黄体生成素等关键生殖激素的分泌和平衡。同时，乳腺炎和子宫炎等慢性疾病不仅会引起奶牛的不适和疼痛，还会导致局部炎症反应和免疫系统的激活。这些病理过程同样会干扰内分泌系统的正常运作，进一步影响奶牛的繁殖性能，如延长发情间隔、降低受孕率等。因此，减少应激因素和有效治疗慢性疾病，对于维护奶牛内分泌系统的健康和促进繁殖性能至关重要。

(四) 治疗过程

1. 激素治疗

当奶牛因长期应激状态或慢性疾病而出现 HPO 轴功能失调时，兽医可能会建议采用促性腺激素释放激素或其类似物作为治疗方案。促性腺激素释放激素是一种由下丘脑产生的肽类激素，具有刺激垂体前叶释放促黄体生成素和促卵泡生成素的作用，这两种激素对于卵巢的正常功能和发情周期至关重要。通过使用促性腺激素释放激素或其类似物，可以有效刺激垂体释放促黄体素和促卵泡素，从而帮助恢复奶牛卵巢的正常周期。这种治疗方法能够模拟自然发情周期中的激素变化，促使卵泡发育、成熟，并最终实现排卵。然而，治疗方案的制订还需根据奶牛的个体情况灵活调整。对于某些奶牛，可能还需要使用其他激素类药物进行辅助治疗（如孕马血清促性腺激素或人绒毛膜促性腺激素等药物），这些药物能够更进一步地推动卵泡的成长与排卵过程，提高受孕率。在使用这些激素类药物时，兽医会密切关注奶牛的反应和病情变化，以确保治疗方案的安全性和有效性。同时，养殖场管理者也需配合做好饲养管理和疾病防控工作，为奶牛创造一个良好的康复环境。

2. 营养干预

为了改善奶牛的内分泌系统健康并促进卵巢功能的恢复，养殖场管理者需要特别关注饲料中营养成分的配比，增加饲料中维生素 E、硒、锌等抗氧化剂的含量是至关重要的一步。这些抗氧化剂能够有效中和体内的自由基，减轻氧化应激对内分泌系统的损害，从而维护 HPO 轴的正常功能。维生素 E 作为一种重要的脂溶性维生素，能够保护细胞膜免受氧化损伤，促进卵泡的正常发育和排卵过程。硒则是一种必需的微量元素，它参与多种抗氧化酶的合成，有助于减少应激对机体的负面影响。锌则对于维持免疫系统的正常运作和生殖激素的合成至关重要。除了抗氧化剂外，提供高质量的蛋白质和能量来源也是支持卵巢功能恢复的关键。优质的蛋白质来源（如豆粕、鱼粉等），能够确保奶牛获得必需的氨基酸，用于合成生殖激素和维持卵巢组织的正常结构。同时，适宜的能量水平能够维持奶牛的代谢平衡，避免因能量不足而导致的繁殖性能下降。在实施这些营养策略时，养殖场管理者还需注意饲料的储存和加工过程，以确保营养成分的完整性和可利用性。此外，定期监测奶牛的营养状况和繁殖性能，根据需要进行调整和优化，也是实现治疗目标的重要一环。通过这些措施的综合应用，可以有效改善奶牛的内分泌系统健康，促进卵巢功能的恢复，提高受孕率和繁殖效率。

3. 心理与环境管理

为了有效减少奶牛的精神压力并促进其繁殖健康，养殖场管理者需要为奶牛营造一个宁静且安逸的生活空间。奶牛作为敏感的动物，对环境的变化十分敏感，过度的噪声、拥挤和不适的饲养条件都可能引发其精神压力，进而影响内分泌系统的平衡和卵巢功能的正常运作。为了实现这一目标，养殖场应首先调整饲养密度，确保每头奶牛都有足够的活动空间和休息时间。过高的饲养密度不仅限制了奶牛的运动，还可能增加疾病传播的风险，对奶牛的健康构成威胁。因此，合理的饲养密度是保障奶牛福利和繁殖性能的基础。同时，养殖场还应关注奶牛的生活环境，尽量减少噪声和干扰，为其创造一个宁静的休息空间。例如，可以设立专门的休息区，使用隔音材料减少外界噪声的干扰，提供舒适的卧床和垫料，确保奶牛在休息时能够得到充分的放松和恢复。此外，养殖场管理者还应定期对奶牛进行行为观察，及时发现并处理可能导致精神压力的因素。通过与奶牛建立信任关系，进行温和的互动和抚摸，也有助于缓解其紧张情绪，提高其适应环境的能力。

（五）治疗效果

经过一个精心设计的疗程，结合针对性的治疗和全面的营养干预，养殖场中那些原本卵巢机能不全的奶牛展现出了显著的改善迹象。这一疗程不仅涉及使用促性腺激素释放激素或其类似物来促进促黄体生成素和促卵泡生成素的分泌，以恢复卵巢的正常周期，还包括了调整饲料配方，增加维生素E、硒、锌等抗氧化剂的含量，以及提供高质量的蛋白质和能量来源，全方位地支持了卵巢功能的恢复。随着治疗的深入，这些奶牛的发情周期逐渐趋于正常，发情表现也变得更加明显。外阴部的肿胀、黏液的分泌以及行为上的变化（如寻求交配、接受爬跨等），都变得更加典型和易于观察。这一变化不仅使养殖场管理人员能够更准确地判断奶牛的发情状态，也为后续的配种工作提供了更为可靠的依据。更为重要的是，经过这一疗程的治疗和营养干预，奶牛的受孕率显著提高，更多的奶牛在发情周期内成功受孕，为养殖场带来了更为稳定和可观的繁殖效益。这一积极的变化不仅体现在受孕率的提升上，还反映在了奶牛整体健康状况的改善和生产性能的提高上。

（六）经验总结

内分泌失调作为导致奶牛卵巢机能不全的主要原因之一，其影响不容忽视。为了有效应对这一问题，养殖场管理者应建立定期的激素检测机制，通过监测奶牛体内关键生殖激素的水平（如促卵泡生成素、促黄体生成素、雌激素和孕激素等），及时发现并处理内分泌失调问题。这种定期的激素检测不仅能够为治疗提供准确的数据支持，还能够帮助养殖场管理者更好地了解奶牛的健康状况和繁殖性能，从而制订出更为科学合理的饲养管理策略。营养干预作为改善内分泌系统健康的重要手段，其重要性同样不言而喻。为了确保饲料营养均衡，养殖场管理者应精心挑选优质的饲料原料，合理搭配各种营养素，以满足奶牛在不同生理阶段的需求。特别是对于那些对内分泌系统具有特殊作用的营养素（如维生素 E、硒、锌等抗氧化剂），以及高质量的蛋白质和能量来源，更应给予充分的重视和补充。这些营养素不仅能够直接参与内分泌系统的调节过程，还能够提高奶牛的免疫力，减少疾病的发生，从而间接促进卵巢机能的恢复。除了营养干预外，加强养殖场管理也是促进奶牛繁殖性能提升和卵巢机能恢复的关键。养殖场管理者应努力减少应激源，如噪声、拥挤、不良饲养环境等，为奶牛创造一个安静、舒适、有利于繁殖的生活环境。同时，还应关注奶牛的行为和健康状况，及时发现并处理可能引发内分泌失调的问题（如乳腺炎、子宫炎等慢性疾病）。通过提高奶牛的福利水平，不仅能够增强其适应环境的能力，还能够激发其内在的繁殖潜力，为养殖场带来更为稳定和可持续的繁殖效益。

案例四　子宫内膜炎的深入探索与治疗

（一）背景概述

在我国某省的一座现代化奶牛场中，近期出现了一个令人担忧的现象：部分母牛产后发情周期看似正常，却连续多次配种都未能成功受孕。这一异常现象迅速引起了奶牛场管理层的注意，并立即组织兽医团队进行深入细致的检查。经过一系列专业的检查和诊断，兽医团队最终确诊这些母牛患有慢性子宫内膜炎。子宫内膜炎是一种奶牛常见的生殖系统疾病，起因多为细菌感染，且由于症状较为隐蔽，往往容易被忽视。然而，慢性子宫内膜炎对奶牛繁殖效率的影响却是深远的，它不仅会导致母牛受孕率下降，还可能引发其他并发症，进一步影响奶牛的健康和生产性能。

（二）症状描述

部分母牛在产后发情周期看似正常，但它们的健康状况却隐藏着不容忽视的问题。除了发情周期表现正常外，这些母牛还出现了一系列令人担忧的症状。它们的阴道会流出黄色或棕色的黏液，这些黏液通常伴有腥臭味，有时甚至还可见到胎衣碎片的排出。这些症状的出现，往往预示着母牛可能患有生殖系统的感染或炎症。更为严重的是，部分患牛还出现了体温升高、食欲减退、精神不振等全身症状。这些症状不仅影响了母牛的正常生活和生产性能，更对其繁殖能力造成了极大的威胁。尽管在发情期间，这些母牛会表现出强烈的求偶行为（如主动寻求交配、接受爬跨等），但即使经过多次配种，它们依然无法成功受孕。

（三）深入分析

首先，产后卫生管理不当是引发慢性子宫内膜炎的重要因素之一。奶牛在分娩后，其生殖道处于相对开放和敏感的状态，此时若未能及时清理和消毒产道，或牛舍环境卫生条件不佳，就容易导致细菌等病原体的滋生和侵入。这些病原体一旦进入子宫腔，就会迅速繁殖并引发炎症反应，对子宫内膜造成损害。

其次，助产过程中消毒不严也是导致慢性子宫内膜炎的常见原因。在奶牛分娩过程中，若助产人员未能严格遵守无菌操作规范，或使用未经严格消毒的助产器械，就可能将外界的病原体带入子宫内，从而引发感染。此外，助产过程中的粗暴操作或不当手法，也可能对子宫造成损伤，进而增加感染的风险。

再次，胎衣滞留时间过长也是引发慢性子宫内膜炎的一个重要因素。奶牛分娩后，胎衣通常应在一定时间内自行排出。然而，若因某种原因（如子宫收缩无力、胎衣与子宫壁粘连等）导致胎衣滞留时间过长，就会为细菌等病原体提供一个繁殖的温床，从而增加子宫内膜发炎的风险。

最后，产后恶露排出不畅也是导致慢性子宫内膜炎的原因之一。恶露是奶牛分娩后子宫内排出的含有血液、坏死组织、细菌等物质的混合物。若恶露排出不畅，就会在子宫内积聚并引发感染。同时，恶露中的有害物质还可能对子宫内膜造成进一步的损害，影响受精卵的着床和胚胎的发育。

因此，慢性子宫内膜炎的发生与产后卫生管理不当、助产过程中消毒不严、胎衣滞留时间过长以及产后恶露排出不畅等因素密切相关。这些因素共同作用，导致细菌等病原体侵入子宫腔并引发炎症反应，它会对子宫内膜产生伤害，从而对受精卵的植入及胚胎的成长造成不利影响。因此，为了有效预防和控制慢性子宫内膜炎的发生，奶牛场管理者和兽医团队必须加强产后卫生管理、助产过程消毒、胎衣排出以及恶露排出等方面的监控和管理，确保奶牛的健康和繁殖性能得到最大程度的保障。

（四）治疗过程

1. 药物治疗

通常使用广谱抗生素进行全身治疗。广谱抗生素具有杀菌范围广、效果显著的优点，能够迅速杀灭子宫内及体内的致病菌，从而减轻炎症反应，促进子宫内膜的修复和再生。在具体操作中，兽医们选择了青霉素和链霉素这两种常用的广谱抗生素进行联合使用。青霉素属于β-内酰胺类抗生素，它通过破坏细菌的细胞壁来发挥抗菌作用，从而达到杀菌的效果；而链霉素则主要通过阻断细菌合成蛋白质的过程来实现杀菌效果。两种抗生素的联合使用，不仅能够增强杀菌效果，还能减少耐药性的产生，提高治疗成功率。

除了全身治疗外，通常还采用子宫灌注疗法，以增强局部治疗效果。子宫灌注疗法是一种直接将抗生素溶液注入子宫内的治疗方法，保障药物能够直接针对病变区域发挥作用，从而提升药物的有效浓度与治疗效果。在进行子宫灌注时，兽医们首先会对患牛的子宫进行彻底的清洗和消毒，以去除子宫内的残留物和污染物。然后，将配置好的抗生素溶液通过导管缓慢注入子宫内，确保药物能够均匀分布在子宫的各个角落。灌注完成后，患牛需要保持静卧状态一段时间，以便药物能够充分吸收和发挥作用。

通过全身治疗和子宫灌注疗法的联合应用，兽医团队成功地控制了患牛体内的致病菌数量，减轻了炎症反应，并促进了子宫内膜的修复和再生。在治疗过程中，兽医们还密切关注患牛的临床症状和体征变化，根据实际情况调整治疗方案和药物剂量。同时，他们也加强了对患牛的饲养管理和营养支持，以提高其免疫力和抵抗力，促进疾病的早日康复。

2. 物理治疗

针对患牛慢性子宫内膜炎的治疗，兽医团队在采用广谱抗生素全身治疗和子宫灌注疗法的基础上，还创新性地结合了电疗或激光治疗手段。这些物理治疗方法能够刺激子宫内的血液循环，加速炎症区域的血液流动，从而带来更多的营养物质和氧气，促进子宫内膜的修复和再生。同时，电疗和激光治疗还能产生一定的热效应，有助于炎症的消退和疼痛的缓解。在具体操作中，兽医们会根据患牛的具体病情和身体状况，选择合适的电疗或激光治疗参数，确保治疗效果的最大化。通过这一系列综合治疗措施的实施，患牛的病情得到了有效的控制，康复速度也大大加快。

3. 营养支持

药物治疗和物理治疗的同时，还应关注患牛的营养摄入，良好的营养状况是患牛康复的基础。因此，兽医团队对饲料配方进行了科学调整，增加了蛋白质、维生素和矿物质的含量。高蛋白质饲料有助于修复受损的子宫内膜组织，维生素则能增强患牛的免疫力，抵抗病原体的侵袭，而矿物质则对维持生殖系统的正常功能至关重要。通过这些营养素的合理搭配，患牛的营养状况得到了显著改善，免疫力得到了提升，从而加速了炎症的消退和身体的恢复。

（五）治疗效果

经过一个精心设计的疗程治疗后，患牛的慢性子宫内膜炎病情得到了显著的改善。全身症状明显减轻，体温逐渐恢复正常，食欲减退和精神不振的情况也得到了改善。这一疗程综合了广谱抗生素的全身治疗、子宫灌注疗法、电疗或激光治疗以及营养饲料的调整等多种治疗手段，形成了全方位、多角度的治疗策略。同时，通过一个疗程的治疗，阴道排出物的量和性质也发生了积极的变化，黄色或棕色的黏液减少，腥臭味减轻，胎衣碎片的排出也明显减少。而且，部分患牛在第二个发情周期成功受孕，这意味着它们的生殖系统已经得到了有效的恢复。随着治疗的深入，整体受孕率也显著提高，较之前提高了约20%。这一成果不仅为奶牛场的繁殖效率带来了实质性的提升，也为患牛的康复和后续生产提供了有力的保障。

(六) 经验总结

加强产后卫生管理，确保助产过程的无菌操作，及时清理胎衣和恶露，是预防子宫内膜炎等生殖系统疾病的关键措施。这些措施的实施，不仅有助于减少病原体的滋生和传播，还能有效降低母牛患病的风险，保障其繁殖健康。在助产过程中，兽医和助产人员必须严格遵守无菌操作规范，使用经过严格消毒的助产器械和手套，避免将外界的病原体带入子宫内。同时，在分娩后，要及时清理母牛体内的胎衣和恶露，防止其在子宫内滞留过久，为细菌等病原体提供繁殖的温床。这些措施的实施，是预防子宫内膜炎等生殖系统疾病的第一道防线。然而，即使采取了上述预防措施，仍有可能发生子宫内膜炎等生殖系统疾病。因此，早发现、早治疗显得尤为重要。一旦发现母牛出现阴道排出异常分泌物、体温升高、食欲减退等临床症状，应立即进行兽医检查，确诊后结合药物治疗、物理治疗和营养支持进行综合治疗。药物治疗可以杀灭子宫内的致病菌，减轻炎症反应；物理治疗如电疗或激光治疗，可以促进子宫血液循环，加速炎症消退；而营养支持则有助于提升母牛的免疫力，促进身体恢复。此外，定期进行兽医检查，监测母牛的繁殖健康状态，也是预防子宫内膜炎等生殖系统疾病的重要手段。通过定期检查，可以及时发现并处理潜在的感染源，如子宫内残留物、子宫壁粘连等问题，从而避免病情恶化。同时，根据检查结果，及时调整管理策略，如优化饲料配方、改善饲养环境等，以提高母牛的整体健康状况和繁殖性能。综上所述，加强产后卫生管理、确保助产过程无菌操作、及时清理胎衣和恶露、早发现、早治疗、结合药物治疗物理治疗营养支持以及定期进行兽医检查等措施的综合实施，是预防和治疗奶牛子宫内膜炎等生殖系统疾病的有效途径。这些措施的实施不仅有助于保障母牛的繁殖健康和生产性能，还能为奶牛养殖业的持续健康发展提供有力支持。

第二节　奶牛繁殖障碍疾病与其他并发疾病的关联案例研究

一、疾病关联的背景

在奶牛养殖的广泛实践中，繁殖障碍疾病一直以来都是奶牛健康管理中的一个重要挑战。这些疾病往往不是孤立存在的现象，而是可能与奶牛其他生理系统的疾病存在着复杂而微妙的相互关联和相互影响。例如，一些内分泌系统的失调可能会直接导致奶牛的繁殖功能受损，而营养代谢疾病也可能间接影响到奶牛的繁殖性能。

这些并发情况的存在，无疑增加了对奶牛繁殖障碍疾病诊断和治疗的复杂性。因为医生需要综合考虑多种可能的病因和影响因素，才能做出准确的诊断，并制定出有效的治疗方案。同时，这些并发情况也会对奶牛的健康状况和繁殖性能产生更为严重和深远的影响，可能导致奶牛的生产能力下降，甚至影响到整个奶牛群体的生产效益。

因此，对于奶牛养殖者来说，深入了解繁殖障碍疾病与其他系统疾病之间的关联，对于全面评估奶牛的病情、制订科学有效的治疗方案，以及提高奶牛的整体健康状况和生产性能，都具有至关重要的意义。这需要养殖者加强学习，不断积累经验和知识，以更好地应对这些挑战。

二、案例呈现

（一）繁殖障碍与消化系统疾病并发案例

1. 病例信息

某养殖场内，一头6岁的健壮奶牛近期出现了令人担忧的状况。它长时间处于不发情的状态，这明显异于往常的繁殖周期。不仅如此，奶牛的体重也在悄无声息中逐渐下降，失去了往日的丰腴。观察其日常行为，发现奶牛的采食量明显减少，对食物的兴趣大不如前。

更令人揪心的是，它的反刍也变得异常，不再像以往那样规律有力。此外，奶牛的粪便状况也出现了问题，时而干燥结块，时而稀薄如水，干稀交替，显示其消化系统可能出现了严重的问题。

2. 检查与诊断

经过一系列细致入微的检查，养殖场的兽医们终于找到了奶牛病症的根源。奶牛患有瘤胃酸中毒，其瘤胃内部环境严重紊乱，PH 值异常偏低，这直接影响了奶牛对营养物质的正常吸收。由于瘤胃是奶牛消化系统的关键部分，这一环节的失衡导致了整个机体能量代谢的紊乱，奶牛因此日渐消瘦，体重不断下降。更进一步的生殖系统检查揭示，奶牛的卵巢处于静止状态，这意味着它无法正常地进行生殖活动。同时，血液中的生殖激素水平也呈现出紊乱的状态，这进一步证实了奶牛存在繁殖障碍的事实。综合以上分析，兽医们认为奶牛长期不发情、体重下降等繁殖障碍症状，很可能是由瘤胃酸中毒引发的。瘤胃问题导致奶牛营养吸收不良，进而影响到 HPO 轴这一调节生殖功能的重要生理轴线的正常运作，最终导致了奶牛繁殖性能的下降。这一发现为后续的治疗提供了明确的方向。

（二）繁殖障碍与呼吸系统疾病并发案例

1. 病例信息

一头 5 岁的健康奶牛，在不久前经历了一场严重的呼吸道感染。在那段时间里，奶牛出现了明显的咳嗽、气喘以及发热等症状，身体状况一落千丈。经过及时的治疗和精心的护理，奶牛的呼吸道症状逐渐得到了缓解，咳嗽减轻，气喘平息，体温也恢复了正常。然而，尽管呼吸道感染的问题看似得到了解决，但奶牛却出现了新的困扰。它的发情周期开始变得紊乱，不再像以往那样规律。在尝试进行配种后，奶牛的受孕率也远低于正常水平，这让养殖场的工作人员深感忧虑。他们意识到，这场呼吸道感染可能给奶牛的生殖系统带来了长远的负面影响，导致了发情周期和受孕能力的异常。这一发现提醒着他们，对于奶牛的健康问题，必须时刻保持警惕，任何一次疾病都可能对奶牛的生产性能产生深远影响。

2. 检查与诊断

针对这头5岁奶牛的繁殖问题，养殖场的兽医对其生殖系统进行了深入细致的检查。结果发现，奶牛的子宫内膜存在轻微的炎症症状，这可能是导致其发情周期紊乱和受孕率低的重要原因。与此同时，通过血液检测，兽医们还发现奶牛体内的孕酮和雌激素水平出现了较大的波动。这两种激素在奶牛的生殖过程中起着至关重要的作用，它们的异常波动无疑会对奶牛的繁殖性能产生直接的影响。进一步的研究表明，奶牛之前所患的呼吸道感染可能并非只是单纯的呼吸道问题。这场感染所引发的全身性炎症反应，很可能干扰了奶牛体内生殖激素的分泌和调节机制。同时，炎症还可能通过血液循环蔓延至生殖器官，进一步加剧了奶牛繁殖障碍的风险。这一发现让养殖场的兽医们对奶牛的疾病治疗和管理有了更深的认识，也提醒他们在未来的工作中要更加注重奶牛的整体健康，及时预防和治疗各种疾病，以减少对奶牛繁殖性能的不利影响。

(三) 繁殖障碍与蹄病并发案例

1. 病例信息

某奶牛场里，一头4岁的健壮奶牛不幸患上了腐蹄病。自从患病后，它的发情周期变得极不规律，甚至开始抗拒配种，这让养殖人员十分焦急。腐蹄病带来的蹄部疼痛，让奶牛在行走时显得尤为困难，每一步都似乎承受着巨大的压力。这种疼痛不仅影响了奶牛的日常行动，还严重干扰了它的采食和休息。由于无法自如地行走，奶牛在采食时变得小心翼翼，导致营养摄入不足；而在休息时，也因为疼痛难以找到舒适的姿势，使得其体况逐渐变差。养殖人员深知，如果不及时解决这个问题，奶牛的繁殖性能和整体健康状况都将受到严重影响。因此，他们正在积极寻找有效的治疗方法，希望能尽快帮助奶牛摆脱腐蹄病的困扰，恢复正常的发情和配种能力。

2. 检查与诊断

在对这头4岁奶牛的详细检查中，兽医们发现其蹄部存在明显的病变，这是腐蹄病的典型症状。蹄部的炎症和坏死组织不仅让奶牛行走困难，更给它带来了持续的疼痛。与此同时，生殖系统检查的结果也令人担忧。通过超声波检查，兽医们发现奶牛的卵泡发育不良，这是导致其发情不规律和不愿接受配种的重要原因。深入分析后，兽医们认为奶牛长期遭受的蹄部疼痛和由此引发的应激状态，是其繁殖障碍的根源所在。疼痛和应激状态影响了奶牛的内分泌系统，干扰了正常的繁殖生理过程。具体来说，应激可能导致奶牛体内激素分泌的紊乱，进而影响到卵泡的正常发育和发情周期的规律。这一发现让养殖人员意识到，腐蹄病不仅影响奶牛的行动能力，更对其繁殖性能构成了严重威胁。因此，他们决定加强对奶牛蹄部的护理和治疗，同时关注其内分泌系统的健康状况，以期帮助奶牛尽快恢复正常的繁殖能力。

三、关联机制分析

(一) 营养代谢途径

消化系统疾病在奶牛群体中并不罕见，这类疾病会严重干扰奶牛对营养物质的正常消化和吸收过程。一旦奶牛的营养摄入出现问题，其身体健康和繁殖性能都会受到极大的影响。

当奶牛遭遇营养缺乏或代谢紊乱时，其体内能量、蛋白质、维生素和矿物质等关键营养物质的供应可能变得不足或比例严重失调。这些营养物质对于奶牛的生长、发育以及繁殖都至关重要。如果它们的供应无法满足奶牛的基本需求，那么奶牛的健康状况就会迅速恶化。

特别是某些营养物质的缺乏会对奶牛的生殖器官发育和生殖激素的合成与分泌产生直接而深远的影响。例如，维生素 A 的缺乏可能导致奶牛子宫内膜上皮细胞的发育异常，进而影响到胚胎的正常着床。而蛋白质的缺乏则可能使卵泡的发育受到严重阻碍，导致奶牛的发情周期不规律，甚至完全丧失繁殖能力。

因此，对于奶牛来说，消化系统的健康直接关系到其营养状况，进而影响到其繁殖性能。养殖人员必须高度重视奶牛的消化系统疾病，及时采取有效的治疗措施，以确保奶牛能够摄入充足且均衡的营养，从而维持其良好的健康状况和繁殖性能。

(二) 炎症与免疫反应途径

呼吸系统疾病以及其他全身性的炎症疾病，在奶牛养殖中是不容忽视的健康威胁。这些疾病会触发机体的炎症和免疫反应，导致一系列复杂的生理变化。

在炎症过程中，大量的炎症介质被释放到血液中，这些介质如细胞因子、前列腺素等，具有强大的生物活性。它们能够干扰 HPO 轴这一调节生殖功能的关键生理轴线的正常信号传导。这一干扰会导致生殖激素的分泌出现异常，如促性腺激素释放激素、促卵泡激素和促黄体激素等的分泌量或分泌时间发生变化，进而影响到奶牛的繁殖周期和受孕率。

更为严重的是，炎症还可能通过血液循环系统扩散至生殖器官。一旦炎症细胞侵入子宫内膜或卵巢组织，就可能引发子宫内膜炎、卵巢炎等生殖系统疾病。这些炎症会破坏生殖系统的内环境，导致组织损伤、细胞凋亡和纤维化等病理变化，进一步增加生殖系统感染的风险。

综上所述，呼吸系统疾病和其他全身性炎症疾病对奶牛繁殖性能的影响是多方面的，它们通过干扰生殖激素的分泌、破坏生殖系统的内环境和增加感染风险等多种机制，共同作用于奶牛的繁殖系统，导致繁殖性能的下降。因此，对于奶牛的健康管理，必须加强对这些疾病的预防和治疗，以确保奶牛能够保持良好的繁殖性能。

(三) 应激反应途径

蹄病，作为一种常见的奶牛疾病，其带来的疼痛和行动不便不仅让奶牛备受煎熬，更对其繁殖性能产生了深远的影响。当奶牛因蹄病而感到疼痛时，它们的身体会自动进入一种应激状态，以应对这种不利的生理环境。

在这种应激状态下，奶牛体内的应激激素（如皮质醇）会开始大量分泌。皮质醇是一种具有广泛生理效应的激素，它在应激反应中起着至关重要的作用。然而，当皮质醇的分泌量过高时，它就会对奶牛体内的其他激素分泌产生抑制作用，其中就包括促性腺激素释放激素。

促性腺激素释放激素是由下丘脑分泌的一种关键激素，它具备刺激垂体前叶释放促性腺激素的能力，包括促卵泡生成素和促黄体生成素。这两种激素在奶牛的繁殖过程中起着决定性的作用，它们能够调节卵泡的发育、促进排卵以及维持黄体的功能。

然而，当皮质醇抑制了促性腺激素释放激素的分泌后，促卵泡素和促黄体素的产生也会受到严重的影响。这就会导致卵泡发育受阻、排卵异常以及黄体功能不全等一系列繁殖障碍。这些障碍不仅会降低奶牛的受孕率，还会增加其流产的风险，对奶牛场的生产效益造成严重的损失。

因此，对于奶牛蹄病的治疗和管理，我们不仅要关注其蹄部的健康状况，更要时刻关注其对奶牛繁殖性能的影响。通过及时的治疗和护理，我们可以有效地缓解奶牛的疼痛和应激状态，从而降低皮质醇的分泌量，保护奶牛的繁殖功能，为奶牛场的可持续发展提供有力的保障。

四、综合治疗策略

（一）整体评估与治疗计划制订

面对存在繁殖障碍与并发疾病的奶牛，及时且全面的身体检查和病情评估显得尤为重要。这不仅是为了准确找出奶牛健康问题的根源，也是为了规划出科学且合理的综合治疗策略，从而达成最优的治疗效果。在检查过程中，兽医会仔细询问奶牛的饲养管理情况、病史以及近期的临床表现，同时还会进行全面的体格检查，包括观察奶牛的精神状态、体态、被毛光泽度等，以及听诊心肺、触诊腹部等重要部位。此外，还会进行必要的实验室检查（如血液检测、尿液分析等），以获取更准确的诊断信息。

在病情评估方面，兽医会综合考虑疾病的严重程度、相互关联情况以及奶牛的整体健康状况。对于繁殖障碍与消化系统疾病并发的奶牛，治疗计划需要兼顾两个方面。一方面，要针对瘤胃酸中毒等消化系统问题进行治疗，可能需要调整饲料配方、使用抗酸药物、补充益生菌等措施来恢复瘤胃的正常功能。另一方面，也要关注繁殖系统的恢复，可能需要通过调节生殖激素的分泌、促进卵泡发育和排卵等手段来改善奶牛的繁殖性能。

值得注意的是，综合治疗计划并非一成不变，而是需要根据奶牛的治疗进展和病情变化进行适时调整。因此，在治疗过程中，兽医和养殖人员需要保持密切沟通，共同监测奶牛的健康状况，确保治疗计划的有效执行。对于存在繁殖障碍与并发疾病的奶牛，全面的身体检查和病情评估是制订综合治疗计划的基础，而科学、合理的治疗计划则是奶牛恢复健康、提高生产性能的关键。

（二）针对不同关联途径的治疗措施

1. 营养调整

在治疗奶牛消化系统疾病的同时，纠正其营养代谢紊乱同样至关重要。这不仅有助于加速消化系统的恢复，还能为繁殖系统的康复提供必要的营养支持。以患有瘤胃酸中毒的奶牛为例，调整饲料配方是首要步骤。通过减少精饲料比例，增加粗饲料含量，可以降低瘤胃内酸的产生，减轻酸中毒症状。同时，添加缓冲剂（如碳酸氢钠或氧化镁），可以中和瘤胃内的酸，进一步缓解酸中毒。

除了调整饲料配方，补充营养物质也是必不可少的。对于瘤胃酸中毒的奶牛，补充维生素和矿物质尤为重要，因为这些营养物质对于维持奶牛的正常生理功能具有关键作用。例如，维生素 A、D、E 等对于奶牛的免疫系统、骨骼健康和繁殖性能都至关重要，而矿物质如钙、磷、镁等则对于维持奶牛体内的酸碱平衡和电解质平衡至关重要。

针对繁殖系统的恢复，可适当添加一些有助于生殖功能恢复的营养物质。例如，β-胡萝卜素是一种重要的抗氧化剂，它可以提高奶牛的免疫力，同时也有助于促进卵泡的发育和排卵。此外，还可以考虑添加一些富含必需氨基酸和微量元素的饲料，以支持奶牛繁殖系统的正常运作。通过调整饲料配方和补充营养物质，可以有效地纠正奶牛的营养代谢紊乱，为消化系统和繁殖系统的康复提供必要的营养支持。

2. 抗炎与免疫调节

面对因炎症而引发的奶牛繁殖障碍，治疗的首要任务是针对呼吸系统疾病或其他潜在的炎症性疾病进行根本性的治疗。通常包括使用抗生素或其他适当的药物来消除炎症的源头，从而遏制病情的发展。在此基础上，为了更有效地控制炎症对奶牛生殖系统的影响，我们会选择那些既具有抗炎作用，又能调节免疫系统的药物进行辅助治疗。这些药物通过抑制炎症介质的释放和减轻免疫反应，有助于缓解炎症症状，促进生殖器官的恢复。同时，针对生殖系统局部的炎症，我们会采取更为细致的治疗措施。例如，局部应用抗炎药物，可以直接作用于炎症部位，减少药物在全身的分布，提高治疗效果。此外，定期进行生殖器官的冲洗，也是减轻炎症损害的有效手段，它有助于清除生殖道内的病原体和炎性分泌物，为生殖器官的恢复创造有利条件。对于那些免疫系统功能异常，表现为免疫力低下或免疫失衡的奶牛，我们会使用免疫增强剂来提高其抵抗力。这些免疫增强剂能够刺激奶牛机体的免疫反应，增强其对病原体的防御能力，从而帮助奶牛更好地应对炎症的挑战，促进整体健康和繁殖性能的恢复。

3. 应激缓解

针对蹄病等引起的奶牛应激反应，治疗蹄病本身固然重要，但为奶牛提供一个舒适、安静的环境也同样不可忽视。应激反应往往加剧奶牛的生理和心理负担，影响繁殖功能的恢复。在治疗蹄病的过程中，我们应当尽量减少外界刺激，比如降低噪声、减少人员流动，确保牛舍内的温度和湿度处于适宜范围。这样的环境有助于奶牛放松身心，减轻因蹄病带来的疼痛和不适。此外，我们还可以使用一些缓解应激的添加剂来帮助奶牛应对这一挑战。电解质是维持奶牛体内水分平衡和酸碱平衡的关键，适量补充有助于缓解应激带来的生理压力。维生素 C 和维生素 E 则是强效的抗氧化剂，它们能够清除体内的自由基，保护细胞免受氧化损伤，从而减轻应激反应对奶牛机体的负面影响。通过治疗蹄病的同时，为奶牛创造适宜的环境条件，并合理使用缓解应激的添加剂，可以更有效地帮助奶牛减轻应激反应，促进其繁殖功能的恢复。这样的综合治疗策略不仅有助于奶牛的健康，还能提高奶牛的生产性能和繁殖效率，为奶牛养殖业的可持续发展奠定基础。

五、预防建议

(一) 综合健康管理

养殖场为确保奶牛的整体健康与生产性能，必须构建一个全面而细致的奶牛健康管理体系。这一体系不应仅仅局限于繁殖系统的管理，而应全方位地涵盖消化系统、呼吸系统、蹄部以及其他关键系统的健康状况。定期进行奶牛的全面体检是这一管理体系中的核心环节。通过血液生化检查，可以深入了解奶牛的代谢状态、营养状况以及是否存在潜在的感染或炎症。体况评估则能够直观反映奶牛的营养摄取与消耗是否平衡，以及是否存在过度肥胖或消瘦等不健康状态。蹄部检查同样至关重要，因为蹄病不仅直接影响奶牛的行走与站立，还可能引发严重的应激反应，进一步影响奶牛的繁殖功能。通过细致的蹄部检查，可以及时发现蹄部磨损、感染或变形等问题，并采取相应的治疗措施，避免病情恶化。除了这些常规检查，养殖场还应根据奶牛的具体情况，制订个性化的健康管理计划。这可能包括针对特定疾病的疫苗接种、驱虫计划，以及根据季节变化调整饲养管理策略等。

全面的奶牛健康管理体系要求养殖场对奶牛的健康状况进行持续、细致的监测与管理，确保奶牛在各个系统都保持健康状态，从而提高奶牛的生产性能，降低疾病发生率，为养殖场的可持续发展奠定坚实基础。

(二) 疾病监测与预警

为了更有效地管理奶牛的健康状况，养殖场应建立一套完善的奶牛疾病监测系统。这一系统旨在全面记录每头奶牛的健康信息、繁殖情况以及疾病史，为后续的数据分析和预警提供坚实的基础。

在健康信息方面，系统应详细记录奶牛的体重、体温、心率、呼吸频率等生理指标，以及疫苗接种、驱虫等健康管理活动的执行情况。这些信息的实时更新，有助于及时发现奶牛生理状态的异常变化，为疾病的早期发现提供线索。

繁殖情况的记录同样重要，包括奶牛的发情周期、配种时间、妊娠状态以及分娩过程等。这些信息不仅有助于评估奶牛的繁殖性能，还能在出现繁殖障碍时，提供宝贵的诊断依据。

疾病史的记录则涵盖了奶牛曾经患过的疾病、治疗过程以及康复情况。这有助于养殖场了解奶牛的健康历史，对可能出现的复发或并发症进行预警。

基于这些丰富的数据，养殖场可以运用先进的数据分析技术和预警模型，对奶牛的健康状况进行深度挖掘和预测。通过对比历史数据和当前数据，系统能够及时发现疾病的早期迹象（如体温的轻微升高、食欲的下降等），从而提前采取预防措施。

这些预防措施可能包括调整饲养管理措施（如改善饲料配方、增加运动量或调整牛舍环境等）以优化奶牛的健康状态。在必要时，还可以进行针对性的预防用药（如使用抗生素或免疫增强剂）以抵御潜在的病原体感染。奶牛疾病监测系统的建立，为养殖场提供了一种科学、高效的管理奶牛健康的方式。通过全面记录和分析奶牛的健康信息、繁殖情况和疾病史，系统能够及时发现疾病的早期迹象，为养殖场提供预警和决策支持，从而确保奶牛的健康和生产性能。

第三节　环境因素与奶牛繁殖障碍疾病长期影响案例研究

一、环境因素对奶牛繁殖影响的概述

环境因素在奶牛繁殖过程中起着举足轻重的作用，其影响力深远且复杂。长期处于不良的环境条件下，奶牛可能会遭受严重的生理压力，进而引发一系列繁殖障碍疾病。这些不良影响往往是渐进性和持续性的，意味着它们不会立即显现，但会随着时间的推移逐渐累积，最终对奶牛的繁殖性能造成显著损害。

自然环境因素，如气候和地理条件，对奶牛繁殖的影响不容忽视。极端的气候条件（如高温、高湿或严寒），都可能对奶牛的生理机能产生不利影响。例如，高温环境会增加奶牛的热应激反应，导致体温升高、呼吸加快、食欲下降，进而影响其繁殖性能。同样，地理条件（如海拔、土壤类型等）也可能影响奶牛的营养摄入和健康状况，间接影响繁殖能力。

养殖环境因素同样关键，包括牛舍的设计、卫生状况以及饲养管理等方面。牛舍的设计应充分考虑通风、采光和保温等要素，以确保奶牛在舒适的环境中生活。如果牛舍设计不合理（如通风不良、采光不足或保温效果不佳），都可能对奶牛的生理机能造成负面影响，进而影响其繁殖性能。此外，牛舍的卫生状况也是影响奶牛繁殖的重要因素。如果卫生条件差，有害微生物容易滋生，增加奶牛感染疾病的风险，进而影响其繁殖健康。

这些因素通过直接或间接的方式影响奶牛的生理机能和生殖系统。例如，环境因素可能导致奶牛内分泌失调，影响性激素的分泌和调节，进而影响其发情周期和排卵功能。同时，环境因素还可能影响奶牛的免疫系统，降低其抵抗力，使其更容易受到病原体的感染，从而引发繁殖障碍疾病。

二、案例呈现

（一）气候因素相关案例

1. 病例信息

在一个位于高海拔寒冷地区的奶牛养殖场，冬季漫长且异常寒冷，多雪的气候条件给奶牛的健康和生产带来了严峻挑战。近年来，部分奶牛在连续经历几个严冬之后，逐渐显现出了繁殖性能下降的问题。其中，一头原本繁殖表现正常的 5 岁奶牛，近年来发情周期出现了明显的延长，配种成功率也大不如前。这头奶牛以往的发情周期规律，配种后能够顺利受孕，但近年来，其发情周期变得不规律，且持续时间延长，导致配种时机难以把握，配种成功率显著下降。这一变化不仅影响了奶牛个体的繁殖效率，也对整个养殖场的生产效益造成了不利影响。分析其原因,高海拔寒冷地区冬季的严寒气候可能对奶牛的生理机能产生了负面影响,导致内分泌失调,影响了性激素的分泌和调节,进而引发了发情周期延长和配种成功率降低的问题。此外,多雪天气可能导致奶牛运动量减少,营养摄入不足,进一步加剧了繁殖性能的下降。

2. 检查与诊断

经过专业兽医的细致检查,发现奶牛在冬季普遍存在着冷应激现象。这一现象主要表现为奶牛在严寒环境中体温调节变得困难,尽管它们增加了采食量以试图获取更多热量,但体重增长却异常缓慢,甚至在某些情况下还可能出现体重下降,进一步的血液检查揭示了更深层次的问题。奶牛体内的甲状腺激素水平显著升高,这是机体为了应对寒冷环境而做出的应激反应。然而,这种应激状态同时也导致了生殖激素分泌的紊乱。促性腺激素、雌激素和孕酮等关键生殖激素的水平异常,直接影响了奶牛的卵巢和子宫功能。长期的寒冷气候不仅增加了奶牛的身体耗能,还使得原本应用于维持生殖功能的能量变得相对不足。这种能量分配的失衡,进一步加剧了奶牛繁殖性能的下降。卵巢无法正常发育和排出成熟的卵子,子宫的受孕环境也受到影响,导致奶牛的发情周期延长,配种成功率降低,甚至可能出现不孕的情况。

(二) 地理环境因素案例

1. 病例信息

某山区的一家奶牛养殖场近期遭遇了前所未有的繁殖难题,这一问题不仅困扰着养殖场的经营者,也引起了业内专家和学者的广泛关注。这家养殖场坐落在一片风景秀丽但地势复杂的山坡地带,其特殊的地理环境成为影响奶牛健康繁殖的关键因素之一。由于养殖场所在地势起伏较大,水源矿物质含量异常丰富,这些对奶牛的生理健康产生了深远的影响。通常情况下,适量的矿物质对奶牛的健康至关重要,但过量摄入则可能引发一系列健康问题。在该养殖场,奶牛们长期饮用这种高矿物质含量的水源,导致体内矿物质平衡严重失调,矿物质平衡紊乱,会对奶牛的内分泌系统和生殖健康产生了极大的负面影响。内分泌系统是奶牛体内调节各种生理功能的关键,它负责分泌多种激素(包括促性腺激素、雌激素等),这些激素在奶牛的繁殖过程中起着至关重要的作用。然而,当奶牛体内矿物质含量失衡时,内分泌系统的正常功能就会受到干扰,导致激素分泌异常。在这种背景下,该养殖场的奶牛中出现了较多的繁殖障碍,其中最为突出的是流产和胎儿发育不良。流产事件的发生,不仅意味着奶牛个体繁殖能力的严重下降,更对整个养殖场的生产计划和经济效益造成了毁灭性的打击。例如,一头年仅4岁、原本健康状况良好的奶牛,在连续两次怀孕过程中,均在妊娠中期不幸流产。这不仅让养殖场的经营者痛心疾首,也让他们深刻意识到问题的严重性。为了深入探究问题根源,养殖场的经营者邀请了多位专家、学者进行现场调研和分析。经过一系列的实验和检测,初步认为奶牛流产和胎儿发育不良的原因与水源中高矿物质含量导致的矿物质平衡失调有关。这种失调不仅影响了奶牛的内分泌系统,还可能对生殖细胞的正常发育和胚胎的着床过程产生了干扰。

2. 检查与诊断

为了深入探究奶牛流产的原因,养殖场邀请了专业机构对当地的水源和土壤进行了全面检测。结果显示,该地区的水源中某些重金属(如镉、铅)和矿物质(如氟)的含量严重超标。这些有害物质在奶牛长期饮用后,逐渐在体内蓄积,导致矿物质代谢失衡。对流产胎儿进行的进一步检查发现,其骨骼发育异常,胎盘出现了钙化现象。这些病理变化与奶牛体内过量的矿物质有直接关联。过量的矿物质不仅影响了胎儿的正常发育,还干扰了奶牛生殖系统的功能,导致妊娠中期流产频发。这一发现为养殖场提供了关键的病因线索,也为后续的治疗和预防工作指明了方向。为了保障奶牛的健康和生产性能,养殖场必须采取有效措施(如寻找安全的替代水源),调整饲料中的矿物质含量,以及加强奶牛的健康监测,确保奶牛体内矿物质代谢的平衡。

（三）养殖环境因素案例

1. 病例信息

在一个规模化的奶牛养殖场中，牛舍设计上的明显缺陷逐渐暴露出其严重的问题。由于通风和采光条件不足，牛舍内部环境变得异常潮湿和阴暗。这种不良环境成为细菌、病毒和其他病原体滋生的温床，对牛群的健康构成了严重威胁。随着时间的推移，这种恶劣环境对牛群的负面影响日益显著，特别是繁殖障碍疾病的发病率显著上升。一头原本健康、充满活力的3岁奶牛，在进入该养殖场仅仅一年后，就开始表现出明显的繁殖障碍症状。她的发情周期变得极不规律，时而提前，时而延后，使养殖人员难以准确判断其配种时机。同时，她的阴道分泌物明显增多，并伴有刺鼻的异味，这是生殖系统受到损害的典型表现。这些症状的出现，不仅影响了奶牛的繁殖性能，还可能对其整体健康状况造成长期的不良影响。面对这种情况，养殖场管理人员必须立即采取行动，对奶牛进行详细的诊断和治疗。同时，他们还需要深刻反思牛舍设计上的缺陷，并采取有效措施进行改进，以营造一个更加健康、适宜的养殖环境，保障牛群的健康和生产性能。

2. 检查与诊断

牛舍内空气质量检测的结果令人担忧，显示氨气、硫化氢等有害气体的浓度严重超标。这些有害气体的存在不仅影响了牛舍的整体环境，更对奶牛的健康构成了直接威胁。进一步的奶牛阴道分泌物检查发现，部分奶牛存在细菌感染的问题。同时，对子宫和卵巢的详细检查也揭示了炎症的迹象，这表明奶牛的生殖系统已经受到了不良影响。不良的养殖环境是导致这些问题的根源。氨气、硫化氢等有害气体长期刺激奶牛的呼吸道，容易引发呼吸道感染，进而可能诱发全身性炎症。这种全身性的炎症反应不仅会加重奶牛的健康负担，还可能通过血液循环影响到生殖系统的健康，增加繁殖障碍的风险。改善牛舍环境，降低有害气体浓度，已经成为当前亟待解决的问题。养殖场应采取措施（如加强通风、定期清理粪便、使用空气净化设备等），以营造一个更加健康、适宜的养殖环境，保障奶牛的健康和生产性能。

三、长期影响机制分析

(一) 气候因素影响机制

1. 冷应激或热应激

极端的气候条件，无论是寒冷还是炎热，都可能对奶牛产生显著的应激反应，进而影响其生理机能和繁殖性能。在极端寒冷的环境下，奶牛为了维持体温，不得不消耗大量的能量。这种能量的重新分配会导致其身体代谢状态发生显著改变，原本用于生殖系统正常运作的能量可能会被挪用。这样一来，生殖系统的能量供应就会变得不足，进而影响生殖激素的合成和分泌。生殖激素是调节奶牛发情、排卵和妊娠等生殖过程的关键因素，其合成和分泌的减少会直接导致奶牛的繁殖性能下降。而在极端炎热的气候条件下，奶牛同样会遭受严重的热应激。热应激会干扰奶牛的内分泌系统，使其功能发生紊乱。具体来说，热应激会导致促性腺激素释放激素和促性腺激素的分泌减少。这两种激素在奶牛的生殖过程中起着至关重要的作用，它们的减少会直接影响卵泡的正常发育和排卵过程，导致卵泡发育不良、排卵异常等问题。此外，热应激还可能引发黄体功能障碍，进一步影响奶牛的繁殖性能。在极端气候条件下，养殖场必须采取有效的措施来减轻奶牛的应激反应，保障其生理机能和繁殖性能的稳定。

2. 光照周期变化

光照时间和强度的变化对奶牛的繁殖生理具有深远的影响，这是奶牛适应自然环境变化的重要机制之一。在自然环境中，随着季节的更替，光照周期发生规律性的变化，这种变化是奶牛发情和繁殖周期的重要调节因素。然而，在人工饲养环境中，不适当的光照条件可能对奶牛的繁殖产生不利影响。例如，冬季光照时间过短，或者牛舍内光照分布不均匀、强度不足，这些都可能干扰奶牛 HPO 轴的正常功能。当光照条件不适宜时，可能会抑制生殖激素的分泌，导致奶牛发情不规律、繁殖性能下降。因此，在人工饲养环境中，合理控制光照时间和强度，模拟自然环境中的光照周期，对于保障奶牛的繁殖健康和提高繁殖性能具有重要意义。养殖场应重视光照管理，为奶牛创造一个适宜的光环境。

(二) 地理环境因素影响机制

土壤和水源成分异常

不同地理区域的土壤和水源成分差异显著，这一自然现象对当地生长的牧草和饲料的成分产生了深远的影响。土壤是植物生长的基础，其矿物质和微量元素的含量直接影响着牧草和饲料的营养成分。当土壤中某些矿物质含量过高或过低时，牧草和饲料在生长过程中就会吸收或缺乏这些矿物质和微量元素，从而导致其成分发生相应的变化。奶牛作为这些牧草和饲料的主要消费者，其健康状况和繁殖性能与饲料的成分密切相关。长期采食成分异常的饲料，奶牛体内的矿物质和微量元素代谢就会失衡，进而引发一系列健康问题。例如，当饲料中氟含量过高时，奶牛长期摄入会导致氟中毒，损害其骨骼和牙齿的健康。这不仅会影响奶牛自身的行动能力和生活质量，还会对胎儿的骨骼发育产生不良影响，降低幼崽的生存率和健康水平。另外，重金属超标也是饲料中常见的安全隐患。重金属如铅、汞、镉等具有显著的毒性作用，对奶牛的生殖器官和内分泌系统构成严重威胁。它们会干扰生殖细胞的正常发育，破坏激素的精确调节机制，从而导致奶牛出现繁殖障碍，如受孕困难、流产率增加等。此外，重金属还可能通过牛奶传递给人类消费者，对人类健康造成潜在风险。因此，了解并控制饲料中的矿物质和微量元素含量，对于保障奶牛健康和提高其繁殖性能至关重要。养殖场应根据当地土壤和水源的实际情况，科学调整饲料配方，确保奶牛摄入的营养物质既平衡又安全。这包括合理搭配不同种类的牧草和饲料，以补充或平衡土壤中缺乏或过量的矿物质和微量元素。同时，养殖场还应定期对饲料进行成分检测，及时发现并处理饲料中的异常成分，确保奶牛的健康和安全。养殖场还应加强与当地农业部门、科研机构等的合作与交流，共同研究和开发适合当地土壤和水源条件的优质牧草和饲料品种。通过科技手段提高饲料的营养价值和安全性，为奶牛的健康繁殖提供有力保障。

(三) 养殖环境因素影响机制

1. 通风和空气质量问题

牛舍通风不良是一个亟待解决的健康隐患，它对奶牛的健康和繁殖性能构成了严重威胁。当牛舍通风不畅时，氨气、硫化氢等有害气体会在牛舍内逐渐积聚，形成一个污浊的空气环境。这些有害气体具有强烈的刺激性，不仅会对奶牛的呼吸道黏膜造成直接伤害，引发呼吸道炎症和感染，还会通过血液循环系统扩散至全身，影响奶牛的其他重要器官，尤其是生殖系统。长期暴露在含有高浓度有害气体的环境中，奶牛的免疫系统会遭受严重损害。免疫力下降意味着奶牛抵抗病原体的能力减弱，使其更容易受到细菌、病毒等病原体的侵袭。这不仅会增加奶牛患病的风险，还会延长疾病的治疗周期，给养殖场带来更大的经济损失。在生殖系统方面，有害气体引发的感染尤为严重。如子宫内膜炎、阴道炎等疾病，不仅会导致奶牛出现疼痛、发热等症状，还会影响奶牛的繁殖性能。这些疾病会降低奶牛的受孕率，增加流产的风险，甚至导致不孕。这对于养殖场的生产效率和经济效益来说，无疑是一个巨大的打击。此外，有害气体还会干扰奶牛体内生殖激素的平衡。促性腺激素、雌激素等激素在奶牛繁殖过程中起着至关重要的作用。当有害气体浓度过高时，它们会干扰这些激素的正常分泌，导致激素失衡。这种失衡会进一步加剧奶牛的繁殖障碍，使其难以维持正常的发情周期和受孕能力。改善牛舍通风条件，保持空气新鲜，是保障奶牛健康和提高繁殖性能的关键措施之一。养殖场应高度重视牛舍的通风设计和管理，确保牛舍内空气流通顺畅，有害气体能够及时排出。同时，还应加强牛舍的卫生管理，定期清理粪便和污物，减少有害气体的产生。只有这样，才能为奶牛创造一个健康、舒适的生活环境，确保其健康高效地繁殖。

2. 卫生和空间布局问题

牛舍卫生条件的好坏，对于奶牛的健康状况以及繁殖性能具有深远的影响。一个干净、整洁、通风良好的牛舍环境，是奶牛健康成长和高效繁殖的基础。相反，当牛舍卫生条件不佳时，各种病原体便找到了理想的滋生环境，这对奶牛的健康构成了严重威胁。当粪便清理不及时，牛舍内就会堆积大量的粪便，这些粪便不仅散发出恶臭，还会成为细菌、病毒和寄生虫等病原体的温床。这些病原体在粪便中大量繁殖，并通过空气、水源、饲料等途径传播给奶牛。一旦奶牛感染这些病原体，就可能引发一系列生殖系统疾病，如子宫内膜炎、乳腺炎等。这些疾病不仅会影响奶牛的繁殖性能，降低受孕率和产犊率，还可能导致奶牛长期患病，甚至死亡。除了粪便问题，牛舍环境潮湿也是病原体滋生的另一个重要因素。潮湿的环境不仅有利于病原体的生长繁殖，还会降低奶牛的免疫力，使其更容易受到感染。此外，潮湿的环境还可能导致奶牛的皮肤和蹄部出现问题（如湿疹、蹄腐烂等），这些问题同样会影响奶牛的健康和繁殖性能。除了卫生问题，不合理的牛舍空间布局也是一个不容忽视的隐患。空间狭小、活动受限的牛舍环境，不仅会影响奶牛的舒适度，还可能增加奶牛之间的拥挤和冲突。在这种环境下，奶牛可能会因为争夺空间、食物等资源而发生争斗，导致受伤或应激反应。长期的应激状态会干扰奶牛的内分泌系统，影响促性腺激素、雌激素等生殖激素的正常分泌。这些激素的失衡会直接影响奶牛的繁殖性能，使其难以受孕或产犊。为了保障奶牛的健康和繁殖性能，养殖场必须高度重视牛舍的卫生条件和空间布局。要定期清理粪便、保持牛舍干燥通风、合理布局空间、提供充足的活动区域。

四、预防和应对措施

(一) 适应气候条件的措施

1. 防寒保暖和防暑降温

针对寒冷地区，为奶牛提供温暖、干燥且防风的牛舍是保障其健康和生产性能的关键。在设计和改造牛舍时，必须充分考虑保温性能，以减少热量的散失，为奶牛创造一个适宜的生活环境。为实现这一目标，可以采取多种保温措施。可以加厚牛舍的墙壁，使用保温性能良好的建筑材料（如加气混凝土块、聚苯板等），以增强墙壁的隔热效果。同时，牛舍的屋顶也应采用保温材料，以减少热量的顶部散失。牛舍的门和窗户也是热量散失的重要途径。因此，应安装保温性能良好的门帘和窗帘，以减少冷风渗透和热量散失。门帘和窗帘的材质应选用厚实、防水且易清洁的材料，以确保其保温效果和使用寿命。在牛舍内部，铺设干燥的垫料也是保持地面温暖和干燥的重要措施。垫料可以选用稻草、木屑、锯末等吸湿性好的材料，并定期更换和清理，以保持其干燥和清洁。这样不仅可以为奶牛提供一个舒适的生活环境，还可以减少因地面潮湿而引发的疾病。而在炎热地区，则需要采取遮阳和通风措施来降低牛舍温度，以减轻奶牛的热应激。遮阳设施可以选用遮阳网、遮阳篷等，将其安装在牛舍的窗户、屋顶或墙壁上，以有效阻挡阳光直射，减少牛舍内的热量积累。通风设备则是降低牛舍温度的重要手段。可以安装风扇和水帘等通风设备，加速牛舍内的空气流动，带走热量和湿气，从而降低牛舍温度。同时，牛舍的通风口应合理布局，以确保空气流通均匀，避免局部过热。通过这些措施的实施，可以确保奶牛在不同气候条件下都能保持健康和生产性能的稳定。

2. 光照管理

牛舍内的光照管理对于奶牛的健康、发情及繁殖性能具有重要影响。光照时间和强度的合理控制，是优化奶牛生产性能的关键环节之一。在光照充足的季节（如春夏两季），自然光照通常能够满足奶牛的基本需求。这段时间内，阳光充足，日照时间长，能够为奶牛提供足够的光照刺激，有助于其体内生殖激素的正常分泌，维持正常的发情和繁殖周期。然而，在冬季，由于日照时间短、光照强度弱，自然光照往往无法满足奶牛的需求。这时，就需要通过人工照明来补充光照。人工照明不仅能够延长牛舍内的光照时间，模拟自然光照周期，为奶牛创造一个稳定的光环境，还能够确保奶牛在冬季也能获得足够的光照刺激，从而维持其生殖系统的正常运作。在设计和使用人工照明系统时，养殖场应充分考虑奶牛的光照需求。一方面，要确保光照时间的合理性，既要避免光照时间过长导致奶牛休息不足，也要防止光照时间过短影响奶牛的生理节律。另一方面，要关注光照强度的适宜性，既要保证光照强度足够刺激奶牛的生殖系统，又要避免光照过强对奶牛造成不适或伤害。此外，养殖场还应根据季节变化及时调整人工照明系统，以适应奶牛在不同季节的光照需求。在冬季等光照不足的时段，应特别重视人工照明的使用，确保牛舍内光照时间和强度的合理性，为奶牛繁殖提供有力保障。牛舍内的光照管理对于奶牛的健康和繁殖性能至关重要。养殖场应充分了解奶牛的光照需求，合理设计和使用人工照明系统，为奶牛创造一个稳定、适宜的光环境，从而提高其生产性能和繁殖效益。

(二) 地理环境应对策略

1. 水源和饲料检测与调整

为了全面保障奶牛的健康和生产性能，养殖场必须高度重视水源和饲料的成分检测工作。这一举措不仅是奶牛营养管理的重要环节，更是预防疾病、提高生产效益的关键措施。在检测过程中，一旦发现水源或饲料中的矿物质和微量元素含量异常，养殖场应立即采取行动。可以采取净化处理措施（如过滤、消毒等），去除水源的有害物质，提高水质的安全性和适用性。同时，养殖场还应密切关注水源的污染情况，一旦发现水源受到污染，应立即停止使用，并寻找新的水源。养殖场可以根据饲料检测结果调整配方，增加或减少某些矿物质和微量元素的含量，以满足奶牛的营养需求。此外，养殖场还应关注饲料的品质和安全性，确保饲料中不含有害物质（如重金属、农药残留等）。在受污染严重的地区，为了确保奶牛的健康，养殖场可能需要考虑寻找替代水源或调整养殖地点，这一决策应基于全面的环境评估和成本效益分析，以确保新的水源或养殖地点能够满足奶牛的健康和生产需求。同时，养殖场还应加强与当地环保部门的沟通和合作，共同推动环境保护和奶牛养殖业的可持续发展。定期对水源和饲料进行成分检测是保障奶牛健康和生产性能的重要措施。养殖场应高度重视这一工作，确保奶牛摄入的营养物质处于平衡状态，为奶牛养殖业的可持续发展奠定坚实基础。

2. 改善养殖环境措施

（1）优化牛舍设计和通风系统

在牛舍的建设或改造这一关键环节上，我们必须将奶牛养殖的科学要求置于首位，精心设计合理的空间布局，以确保奶牛的健康和福祉。这不仅是为了满足奶牛的基本生活需求，更是为了提高其生产性能和繁殖能力，从而推动奶牛养殖业的可持续发展。一方面，为每头奶牛提供足够的活动空间是至关重要的。这不仅意味着要规划出足够大的区域供奶牛自由移动，还要确保它们能够轻松转身和舒适躺卧。这样的设计有助于奶牛保持良好的身体状态和精神状态，减少因空间狭小而产生的压力和不适。同时，足够的活动空间还能促进奶牛的社交行为，增强它们的群体归属感，有助于牛群的稳定和和谐。其次，保持牛舍内空气的新鲜和清洁对于奶牛的健康至关重要。因此，我们必须安装高效且可靠的通风系统。这一系统不仅要能够及时排出牛舍内的有害气体，如氨气、二氧化碳等，以降低奶牛呼吸道疾病和生殖系统感染的风险，还要能够引入新鲜空气，为奶牛提供一个舒适、宜人的生活环境。另一方面，通风系统也至关重要。通风系统的设计和安装应充分考虑牛舍的结构、规模以及奶牛的数量和分布等因素，以确保其能够满足实际需求。此外，通风系统的耐用性和易维护性也是不容忽视的。我们必须选择质量上乘的通风设备和材料，以确保其能够长期稳定运行。同时，养殖人员应定期对通风系统进行维护和检查，及时发现并解决潜在问题（如风扇故障、通风口堵塞等），这样可以有效延长通风系统的使用寿命，降低维修成本，同时确保奶牛始终处于一个健康、舒适的生活环境中。通过科学合理的牛舍设计和高效的通风系统，为奶牛创造一个更加健康、舒适的生活环境。这不仅有助于提高奶牛的生产性能和繁殖能力，还能降低疾病发病率和养殖成本，为奶牛养殖业的可持续发展奠定坚实基础。

（2）加强卫生管理

为了有效控制奶牛繁殖障碍疾病的发生，确保奶牛养殖业的可持续发展，养殖场必须建立并执行一套严格且全面的卫生管理制度。这一制度的核心在于预防和控制病原体的传播，从而维护奶牛的健康和繁殖性能。

首先，养殖人员需要定期清理牛舍内的粪便和污水，这是保持牛舍环境整洁和卫生的基础。粪便和污水中含有大量的病原体和有害物质，如果不及时清理，不仅会恶化牛舍环境，还会增加奶牛感染疾病的风险。因此，养殖人员应制订详细的清理计划，并严格执行，确保牛舍环境的清洁和卫生。

其次，对牛舍、养殖设备以及奶牛经常接触的物品进行全面消毒是减少疾病传播途径的关键措施。消毒可以有效杀灭潜在的病原体，降低奶牛感染疾病的风险。养殖场应选择合适的消毒剂，并定期对牛舍、设备以及物品进行消毒处理。同时，养殖人员应了解消毒剂的特性和使用方法，确保消毒效果的最大化。

再次，保持奶牛身体的清洁同样重要。养殖人员应定期对奶牛进行体表消毒，去除体表的污垢和微生物，降低感染风险。体表消毒不仅可以减少奶牛皮肤病的发病率，还可以提高奶牛的整体健康水平。

最后，定期进行驱虫处理也是预防寄生虫对奶牛健康影响的重要措施。驱虫可以有效减少寄生虫对奶牛消化系统和生殖系统的损害，提高奶牛的繁殖性能。

这些措施的实施不仅有助于减少病原体的传播和感染机会，还能提升奶牛的整体健康水平，从而降低繁殖障碍疾病的发生风险。养殖场应将这些措施纳入日常管理中，并不断完善和优化，以确保奶牛的健康和繁殖性能的稳定。

第七章 未来趋势与研究方向

第一节 繁殖障碍性疾病的遗传学研究进展

一、基因与繁殖障碍性疾病的关联剖析

随着现代遗传学研究的不断深入与拓展,人们逐渐意识到基因在奶牛繁殖障碍性疾病的发生与发展过程中扮演着至关重要的角色。这些繁殖障碍问题(如卵巢囊肿的形成、子宫内膜炎的频发以及胚胎在早期的异常死亡等),其背后往往隐藏着复杂的遗传因素。越来越多的数据表明,这些问题的出现与基因的异常表达或是基因突变存在着密切的关联。为了深入探究这一领域,科研人员对大量的奶牛繁殖障碍性疾病病例进行了详尽的基因分析。在这一过程中,他们凭借先进的遗传学技术和手段,逐步揭示了一系列与生殖系统发育、生殖激素调节以及免疫反应等生理过程密切相关的基因。这些基因在正常情况下,对于维持奶牛正常的生殖功能和繁殖性能发挥着不可或缺的作用。然而,一旦它们发生异常表达或是突变,就很可能导致奶牛出现各种繁殖障碍,进而对奶牛养殖业的生产效率和经济效益造成严重的负面影响。因此,这些被研究人员发现的与生殖系统发育、生殖激素调节以及免疫反应相关的基因,被视为是导致奶牛繁殖障碍的潜在关键因素。未来,随着研究的进一步深入,人们有望更加精准地揭示这些基因的作用机制,从而为奶牛繁殖障碍性疾病的防治提供更为有效的策略和手段。

例如，在针对奶牛子宫内膜炎易感性的深入研究中，科研人员取得了令人瞩目的发现。他们观察到，某些与免疫应答密切相关的基因中，特定的等位基因在患有子宫内膜炎的奶牛群体中呈现出较高的出现频率。这一发现提示我们，这些特定的免疫相关基因可能通过影响奶牛生殖道局部的免疫防御机制，从而决定了奶牛对病原体的易感性。具体来说，当奶牛面临病原体的侵袭时，如果这些关键的免疫基因存在异常，奶牛可能无法及时、有效地调动其免疫系统进行防御和清除感染，这就为子宫内膜炎的发生提供了可乘之机。而子宫内膜炎的反复发作，不仅会直接影响奶牛的健康状况，还会显著干扰其受孕过程以及胚胎的正常发育，进而对奶牛养殖业的生产效益构成威胁。

在卵巢功能异常的研究领域，科研人员同样取得了重要的进展。他们发现，与卵泡发育、排卵以及黄体形成这一系列关键生殖过程紧密相关的基因，如果存在缺陷或异常，可能会直接导致奶牛出现卵巢囊肿等生殖障碍问题。这些基因缺陷不仅会影响卵泡的正常发育和排卵过程，还可能扰乱黄体的形成和功能，从而导致奶牛的繁殖周期出现严重的紊乱。卵巢囊肿的形成，不仅会降低奶牛的繁殖效率，还可能增加其淘汰率，进而对奶牛养殖业的可持续发展构成挑战。

因此，这些与奶牛繁殖障碍性疾病密切相关的基因异常，不仅揭示了疾病发生的遗传学基础，也为未来的疾病防治提供了潜在的靶点。通过深入研究和精准干预这些关键基因，人们有望为奶牛的健康繁殖和养殖业的持续发展开辟新的途径。

二、先进遗传学研究技术的助力

(一) 高通量基因测序技术的深度应用

新一代高通量基因测序技术的迅猛发展，为奶牛繁殖障碍性疾病的遗传学研究注入了强大的动力，提供了前所未有的工具和手段。其中，全基因组测序技术的出现，更是为这一领域的研究开辟了新的篇章。全基因组测序技术能够一次性、全面且精准地测定奶牛整个基因组的序列信息，这一特性使得科研人员能够以前所未有的深度和广度，去探索基因与繁殖障碍性疾病之间的复杂关联。通过全基因组测序技术，科研人员不仅可以发现已知的基因变异，更有可能揭示全新的、之前未曾被注意的基因变异与繁殖障碍之间的潜在联系，从而极大地拓展了我们对这些疾病遗传学基础的认识。

而全外显子组测序技术，则是在全外显子组测序基础上的一种更为精细、高效的测序策略。WES技术专注于对基因的编码区域，即外显子进行测序。这一策略之所以高效，是因为已知的大部分致病突变都位于基因的外显子区域，这些区域直接决定了蛋白质的结构和功能。通过全外显子组测序，科研人员可以更加快速、准确地识别出与繁殖障碍性疾病直接相关的基因变异，从而大大加速了疾病的遗传学诊断进程。

全基因组测序和全外显子组测序技术的结合应用，为奶牛繁殖障碍性疾病的遗传学研究带来了革命性的突破。这两种技术不仅提高了基因变异的检测效率和准确性，更为科研人员提供了深入探究疾病遗传学机制的强大工具。随着技术的不断进步和成本的进一步降低，全基因组测序和全外显子组测序技术将在奶牛繁殖障碍性疾病的遗传学研究、疾病诊断、预防以及治疗等方面发挥越来越重要的作用，为奶牛养殖业的健康发展提供有力的科技支撑。

利用新一代高通量基因测序技术，如全基因组测序和全外显子组测序，研究人员能够对患有繁殖障碍性疾病的奶牛群体以及健康对照组进行大规模、系统性的测序分析。这种大规模的测序工作，不仅极大地丰富了我们对奶牛基因组的认识，更为我们深入探究繁殖障碍性疾病的遗传学基础提供了宝贵的资源。

通过比较患有繁殖障碍性疾病的奶牛群体与健康对照组之间的基因序列差异，科研人员能够运用先进的生物信息学方法，更精准地定位那些与繁殖障碍密切相关的基因位点。这些基因位点可能涉及生殖系统的发育、生殖激素的调节、免疫应答的调控等多个方面，它们的异常表达或突变很可能就是导致奶牛出现繁殖障碍的根源所在。以某一地区奶牛胚胎死亡高发问题为例，科研人员通过WES技术对该地区的患病奶牛进行了深入的测序分析。在大量的基因序列数据中，他们敏锐地发现了一个与胚胎着床过程密切相关的基因存在罕见的突变。这一发现不仅为科研人员提供了深入了解胚胎死亡遗传机制的重要线索，更为他们探索如何有效预防和治疗这一疾病指明了方向。

这一研究成果的取得，充分展示了全基因组测序和全外显子组测序技术在奶牛繁殖障碍性疾病遗传学研究中的巨大潜力和价值。未来，随着技术的不断进步和成本的进一步降低，这些高通量测序技术将在奶牛养殖业的遗传改良、疾病防控以及新品种培育等方面发挥越来越重要的作用，为奶牛养殖业的可持续发展提供有力的科技支撑。

（二）基因编辑技术对繁殖障碍研究的启发

基因编辑技术，特别是近年来迅速发展的 CRISPR-Cas9 系统，在奶牛繁殖障碍性疾病的研究领域中展现出了巨大的潜力和广阔的应用前景。这一革命性的技术不仅为科研人员提供了一种前所未有的手段，用于创建精确控制基因敲除或敲入的动物模型，从而模拟人类疾病状态，深入探究疾病的发病机制和病理过程，更为治疗某些遗传性的奶牛繁殖障碍疾病提供了全新的思路和策略。

通过 CRISPR-Cas9 系统，科研人员可以精准地定位到奶牛基因组中的特定位置，并对目标基因进行编辑，实现基因的敲除、敲入或替换等操作。这种精确的基因编辑能力，使得科研人员能够构建出与奶牛繁殖障碍性疾病密切相关的基因变异动物模型。这些模型动物不仅能够在生理和病理上高度模拟人类疾病状态，还能够为科研人员提供一个直观、可控的实验平台，用于深入研究疾病的发病机制、探索疾病的遗传基础以及评估潜在的治疗策略。

此外，CRISPR-Cas9 系统在治疗某些遗传性的奶牛繁殖障碍疾病方面也展现出了巨大的潜力。通过基因编辑技术，科研人员可以纠正导致疾病发生的基因缺陷，从而恢复奶牛正常的生殖功能。这种精准、高效的基因治疗方法，不仅有望为奶牛繁殖障碍性疾病的治疗提供新的解决方案，还可能为其他遗传性疾病的治疗开辟新的途径。

然而，值得注意的是，基因编辑技术在奶牛繁殖障碍性疾病研究中的应用仍处于起步阶段，面临着诸多挑战和伦理问题。科研人员需要在确保技术安全、有效的基础上，不断探索和完善基因编辑技术的应用策略，同时加强伦理审查和监管，以确保这一技术的健康发展。

例如，在面对一些由单基因缺陷明确导致的奶牛繁殖障碍疾病时，CRISPR-Cas9系统等先进的基因编辑技术为我们提供了一种前所未有的治疗策略。科研人员可以在细胞水平或动物模型中，利用这些技术精确地定位到导致疾病的突变基因，并尝试对其进行修复。这种修复操作可能包括基因敲除（去除有害的突变基因片段）、基因敲入（引入正常的基因片段以替代突变的基因）或基因修正（直接修改突变基因中的错误碱基序列）。

通过在这些模型系统中实施基因编辑，科研人员可以细致地观察并评估修复突变基因后对奶牛生殖功能的恢复效果。这种实验设计不仅有助于验证特定基因与繁殖障碍疾病之间的因果关系，还能够为科研人员提供一个宝贵的平台，用于评估基因编辑技术的治疗潜力，并优化治疗策略。更为重要的是，这些基于基因编辑的动物模型和细胞实验为未来开发针对奶牛繁殖障碍性疾病的基因治疗方案奠定了坚实的基础。科研人员可以通过这些模型，进一步探索基因编辑技术的安全性、有效性和稳定性，从而为将基因治疗技术应用于实际奶牛养殖业提供科学依据和技术支撑。

然而，尽管基因编辑技术在治疗奶牛繁殖障碍性疾病方面展现出了巨大的潜力，但其实际应用仍面临诸多挑战。科研人员需要继续深入研究基因编辑技术的生物学机制，优化技术流程，提高编辑效率和准确性，同时加强伦理审查和监管，以确保这一技术的健康发展。

三、基于遗传学的繁殖障碍疾病防控前景展望

(一) 基因诊断与个性化治疗方案的开发

随着对奶牛繁殖障碍性疾病遗传学机制的深入研究和理解，基因诊断技术正逐步成为奶牛繁殖管理中不可或缺的一环，并有望在未来成为常规手段。通过对奶牛进行精准的基因检测，我们可以在繁殖前或疾病早期阶段，准确无误地识别出那些携带与繁殖障碍密切相关的基因变异的个体。这一技术的应用，为养殖者提供了前所未有的机会，使他们能够采取更加精准和有效的管理措施。

养殖者可以根据基因检测结果，避免将具有相同致病基因的奶牛

进行交配，从而有效减少后代中出现繁殖障碍的风险。同时，对于已经检测出携带致病基因的奶牛，养殖者可以尽早采取干预措施，如调整饲养管理、提供特殊的营养支持或进行必要的治疗，以最大程度地降低疾病对奶牛健康和繁殖性能的影响。

此外，随着基因诊断技术的不断发展，个性化治疗方案也将应运而生。医生可以根据奶牛的基因检测结果，深入了解其生殖系统的遗传特征，从而制订出最适合个体的治疗策略。例如，如果奶牛繁殖障碍是由于特定基因导致的生殖激素受体功能异常所引起的，医生可以针对性地选择能够调节该受体信号通路的药物进行治疗。这种精准的治疗方式不仅可以提高治疗效果，还能减少不必要的药物使用，降低治疗成本，同时减轻奶牛因药物副作用而可能遭受的痛苦。

总之，基因诊断技术的应用为奶牛繁殖管理带来了革命性的变化。它不仅提高了我们对繁殖障碍性疾病的认识和理解，还为养殖者提供了更加精准、有效的管理工具和治疗手段。未来，随着技术的不断进步和应用的深入，基因诊断技术有望在奶牛养殖业中发挥更加重要的作用，为奶牛的健康繁殖和养殖业的可持续发展提供有力的科技支撑。

(二) 遗传咨询与种群优化策略

遗传咨询在奶牛繁殖管理中的重要性日益凸显，它将成为连接基因科学与实际应用的关键桥梁。具备深厚遗传学知识的专业人员，将依据奶牛的基因信息，为养殖者提供一系列科学、合理的繁殖建议。这些建议涵盖了从选择合适的配种对象，到预测后代繁殖风险等多个方面，旨在帮助养殖者做出更加明智的决策，从而优化奶牛种群的遗传结构。

通过遗传咨询，养殖者可以了解到哪些奶牛携带有繁殖障碍相关基因变异，进而避免它们之间的交配，有效减少后代中出现繁殖障碍的风险。同时，专业人员还可以根据奶牛的基因信息，为养殖者推荐最适宜的配种对象，以提高后代的遗传品质和繁殖性能。

此外，利用遗传学研究的最新成果，我们可以建立起一套完善的繁殖障碍性疾病遗传监测系统。这一系统将对奶牛种群中的基因频率进行长期、系统的监测，以便及时发现新的致病基因变异的传播趋势。一旦发现潜在的遗传风险，我们可以迅速采取相应的防控措施，如隔离携带致病基因的奶牛、调整种群结构等，从而有效保障奶牛种群的繁殖健康。

遗传咨询和遗传监测系统的结合应用，将为奶牛养殖业的可持续发展提供有力的科技支撑。通过不断优化奶牛种群的遗传结构，减少繁殖障碍性疾病的发生，我们可以提高奶牛的生产性能和繁殖效率，为奶牛养殖业的繁荣作出贡献。同时，这些技术的应用也将推动奶牛遗传学研究的深入发展，为未来的科学研究提供更加丰富、准确的实验数据和理论依据。

第二节 新兴技术在奶牛繁殖管理中的应用

一、人工智能和大数据在繁殖管理中的创新应用

(一) 智能化发情监测与配种决策

人工智能技术与大数据分析的深度融合，正在奶牛发情监测领域引发一场深刻的变革，带来了前所未有的准确性和效率提升。在现代奶牛养殖场中，科技的力量正以前所未有的方式被应用于优化奶牛的生产管理，特别是在发情监测这一关键环节上。通过在牛舍内部署一系列高科技传感器（如加速度计、温度传感器以及射频识别标签等），我们能够实时、连续地收集奶牛的各种活动数据和生理指标。加速度计能够精确捕捉奶牛的运动状态，包括活动量的大小和频率；温度传感器则能够实时监测奶牛的体温变化；而射频识别标签则用于唯一标识每头奶牛，确保数据的准确对应。这些传感器收集的数据量巨大且多样，构成了奶牛行为监测和发情预测的大数据基础。

人工智能算法以其强大的数据处理能力，成为解析这些海量数据的得力助手。通过深度学习和模式识别技术，人工智能能够自动从这些数据中挖掘出发情奶牛的特征行为模式。例如，发情奶牛往往会表

现出活动量显著增加、与其他奶牛互动频繁、体温略有上升等典型的行为和生理变化。人工智能系统能够对这些多维度数据进行综合分析，从而在奶牛发情初期就发出精确的警报，大大提前了发情检测的时机，比传统的人工观察方法更加及时和准确。

更进一步的是，基于大数据分析的能力，人工智能系统还能够根据每头奶牛的历史发情数据和繁殖记录，构建个性化的发情预测模型。这些模型能够精准预测奶牛下一次发情的可能时间，为养殖者提供科学的配种建议，从而优化配种计划，提高受孕率。这种个性化的管理策略不仅提升了繁殖效率，还减少了因误判或延误配种而导致的繁殖损失。

综上所述，人工智能技术与大数据分析的结合应用，正在奶牛发情监测领域发挥着越来越重要的作用。它们不仅提高了发情检测的准确性和效率，还为养殖者提供了科学的决策支持，推动了奶牛养殖业向更加智能化、精细化的方向发展。随着技术的不断进步和应用的深入，我们有理由相信，未来的奶牛养殖业将在科技的助力下实现更加高效、可持续的发展。

(二) 繁殖性能预测与管理优化

大数据技术凭借其强大的数据处理能力，正逐步整合奶牛养殖领域的各类信息，包括但不限于遗传数据、繁殖历史、饲养管理记录以及疾病史等，形成了一个涵盖奶牛全生命周期的庞大数据库。这些数据通过精细的清洗、整合与分析，构建出了一套套全面的繁殖性能预测模型，为奶牛养殖业的精细化管理提供了强有力的支撑。

这些繁殖性能预测模型的核心在于机器学习算法的应用。机器学习算法能够从海量数据中自动学习并提取出隐藏的模式和规律，进而对奶牛个体的繁殖潜力进行精准评估。通过深入分析不同基因组合、不同饲养管理条件下奶牛的受孕率、产犊间隔、犊牛健康状况等多个关键指标之间的复杂关系，模型能够预测出某头奶牛在未来一段时间内的繁殖性能表现。

基于这些预测结果，养殖者可以获得一系列科学的繁殖管理建议。例如，模型可以根据奶牛的遗传背景和繁殖历史，为其推荐最适合的配种公牛，以提高后代的遗传品质和繁殖性能；同时，模型还能根据奶牛的当前身体状况和饲养环境，为养殖者提供精确的配种时间安排，确保在奶牛生理状态最佳时进行配种，从而提高受孕成功率；此外，模型还能对饲养管理方案进行优化建议，如调整饲料配比、改善饲养环境等，以进一步提升奶牛的繁殖效率和生产性能。

值得注意的是，这些繁殖性能预测模型并非一成不变，而是会随着新数据的加入而不断迭代优化。这意味着，随着时间的推移，模型的预测精度将越来越高，为奶牛养殖业带来的价值也将越来越大。

因此，大数据技术与机器学习算法的结合应用，正在为奶牛养殖业的繁殖管理带来革命性的变化。它们不仅提高了繁殖效率，降低了生产成本，还为养殖者提供了更加科学、精细的管理手段，推动了奶牛养殖业的可持续发展。未来，随着技术的不断进步和应用的深入，我们有理由相信，奶牛养殖业的智能化水平将迈上一个新的台阶。

二、基因编辑和转基因技术在繁殖管理中的潜在价值

（一）繁殖性状改良的基因编辑策略

基因编辑技术，作为现代生物科技领域的一项重大突破，为奶牛繁殖性状的改良开辟了一条前所未有的道路，这无疑是畜牧业发展史上的一次革命性飞跃。该技术通过高度精确的方式对奶牛体内的特定基因进行编辑与修饰，能够直接且有针对性地改变其繁殖相关的生物学特性，为实现奶牛繁殖性能的优化提供了可能。

具体而言，科学家们可以聚焦于那些与奶牛繁殖力紧密相关的基因序列，这些基因在调控卵泡发育的数量与质量、精子生成及其活力等方面发挥着至关重要的作用。通过对这些基因的精细编辑，比如利用 CRISPR-Cas9 等先进的基因编辑工具，可以显著提升奶牛的繁殖潜能。

在奶牛繁殖实践中，基因编辑技术的应用前景极为广阔。一方面，通过优化影响卵泡发育的相关基因，可以有效提高奶牛的排卵率，这意味着每头奶牛在一个繁殖周期内能够产生数量更多、质量更佳的可受精卵，从而直接增加了后代牛犊的数量和潜在价值。另一方

面，针对精子生成与活力调控的基因进行编辑，能够显著改善公牛精子的质量，增强其在人工授精过程中的竞争力，进而提升受精成功率，减少因精子质量问题导致的繁殖失败。

此外，基因编辑技术还有潜力增强奶牛生殖器官的生理功能，比如通过调整影响子宫内环境、胚胎着床及早期发育的基因表达，为胚胎提供一个更加适宜的生长与发育空间。这不仅有助于提升胚胎的存活率，还能从整体上优化奶牛的繁殖效率，减少因繁殖障碍导致的经济损失。

因此，基因编辑技术在奶牛繁殖性状改良上的应用，不仅预示着畜牧业生产力的显著提升，还为实现畜牧业可持续、高效的发展模式提供了强有力的科技支撑。随着技术的不断进步和完善，我们有理由相信，未来的奶牛养殖业将迎来更加繁荣与高效的发展新时代。

（二）转基因技术在繁殖相关疾病防控中的探索

全新的保障策略。通过先进的遗传工程技术，科学家能够将具有高效抗病能力的基因精准地导入奶牛的基因组中，是转基因技术在奶牛繁殖管理中的另一个极具潜力的应用方向。对于繁殖相关疾病的防控，转基因技术赋予奶牛对一系列严重影响繁殖健康的疾病的天然抵抗力。这种策略不仅是对传统疾病防控方法的有益补充，更是从源头上提升奶牛种群健康水平的关键一步。

具体而言，针对那些由病毒或细菌等病原体引发的繁殖障碍性疾病，如广泛流行的牛病毒性腹泻和布鲁氏杆菌病等，转基因技术展现出了巨大的应用潜力。科学家正在深入研究这些疾病的致病机制，并致力于识别出能够激发奶牛体内免疫反应或直接抑制病原体复制的基因。一旦这些关键基因被成功识别，它们就可以被用作构建转基因奶牛的"抗病武器库"。

在这个过程中，科学家们利用基因编辑技术（如 CRISPR-Cas9 系统），将筛选出的抗病基因精确地整合到奶牛的基因组中，确保这些基因能够在奶牛体内稳定表达，并产生相应的抗病蛋白或免疫相关分子。这些分子有的能够直接识别并中和病原体，有的则能够激活奶牛自身的免疫系统，使其对病原体产生更为迅速和有效的防御反应。

通过这种从遗传层面增强奶牛抗病能力的策略，科学家期望能够为奶牛提供一种长效的疾病保护机制，显著降低繁殖障碍性疾病的发病率。这不仅有助于减少因疾病导致的奶牛死亡和淘汰，还能保障奶牛种群的繁殖健康，提高整体的生产性能和经济效益。

值得注意的是，转基因技术在奶牛繁殖疾病防控上的应用仍处于不断探索和完善阶段。科学家们在推进相关研究的同时，也在密切关注转基因生物的安全性和伦理问题，确保技术的健康发展并符合社会伦理规范。未来，随着技术的不断成熟和监管体系的完善，转基因技术有望成为奶牛繁殖管理中不可或缺的一部分，为奶牛业的可持续发展贡献力量。

三、生物技术与纳米技术在繁殖管理中的融合应用

（一）生物技术产品在繁殖健康中的应用拓展

生物技术领域的快速发展，特别是新型疫苗和生殖激素类似物及生长因子的研发，为奶牛繁殖健康管理带来了前所未有的机遇，极大地提升了奶牛繁殖效率与种群健康水平。

在疫苗研发方面，科学家正致力于开发针对奶牛繁殖系统中常见病原体的新型疫苗，这些病原体包括但不限于引起子宫内膜炎的多种细菌（如大肠杆菌、链球菌等）和影响胚胎发育的病毒（如牛病毒性腹泻病毒、布氏杆菌等）。这些新型疫苗利用现代生物技术（如基因重组、抗原表达系统优化等），能够精准地针对病原体的特定抗原进行设计，从而激发奶牛体内更为强烈且持久的免疫反应。与传统疫苗相比，新型疫苗具有更高的安全性，因为它们通常不包含完整的病原体，仅包含能够激发免疫应答的特定成分。同时，新型疫苗也展现出了更高的免疫原性，意味着它们能够更有效地诱导奶牛产生保护性抗体和免疫记忆，从而提供更为持久和全面的免疫保护。

在生殖激素类似物和生长因子的研发方面，生物技术的应用同样展现出了巨大的潜力。这些生物制剂可以更加精准地模拟奶牛体内自然存在的生殖激素（如促性腺激素、孕激素、雌激素等）和生长因子（如表皮生长因子、胰岛素样生长因子等）的作用，用于诱导发

情、促进排卵、提高胚胎着床率等繁殖操作。与传统的激素治疗相比，生物制剂具有更高的特异性和生物活性，能够更精确地调控奶牛的繁殖过程，减少不必要的副作用。此外，科学家还在不断探索通过优化生物制剂的结构和给药方式（如开发缓释剂型、提高稳定性等），以进一步提高其疗效和安全性。

生物技术领域的发展为奶牛繁殖健康管理带来了革命性的变化。新型疫苗和生殖激素类似物及生长因子的研发，不仅提升了奶牛繁殖效率，还显著改善了奶牛种群的健康状况。随着技术的不断进步和应用的深入，我们有理由相信，奶牛繁殖健康管理将迎来更加智能化、高效化和个性化的新时代。

（二）纳米技术在繁殖管理中的创新突破

纳米技术在奶牛繁殖管理中的应用正日益成为研究热点，其独特的性质为奶牛繁殖健康带来了前所未有的创新解决方案。纳米材料作为药物递送系统，在奶牛生殖健康管理中展现出了巨大的潜力。这些微小的纳米粒子能够作为"智能载体"，将药物精准地输送到奶牛生殖器官的特定部位，从而显著提高药物的治疗效果，并最大限度地减少副作用。

在治疗奶牛子宫内膜炎这一常见繁殖障碍时，纳米药物载体发挥了关键作用。它们能够将抗生素或抗炎药物等有效载荷包裹起来，形成稳定的纳米复合物。这些纳米复合物具有优异的生物相容性和穿透性，能够更容易地穿透子宫黏膜的屏障，直接作用于感染部位，实现药物的精准释放。这不仅提高了药物的局部浓度，增强了杀菌或抗炎效果，还显著减少了药物在奶牛体内其他非目标组织的分布，从而降低了潜在的药物副作用和耐药性风险。

除了作为药物递送系统外，纳米技术在奶牛生殖细胞保护和改良方面也展现出了广阔的应用前景。纳米抗氧化剂是其中的佼佼者。它们具有极高的比表面积和反应活性，能够高效地清除自由基，保护精子和卵子免受氧化应激的损害。氧化应激是导致生殖细胞质量下降和繁殖效率降低的重要原因之一。通过添加纳米抗氧化剂到精液或卵母细胞的保存液中，可以显著提高生殖细胞的存活率和受精能力，为奶牛繁殖提供更高质量的遗传物质。

此外，纳米技术在胚胎培养过程中也发挥着重要作用。通过模拟体内微环境，纳米材料可以为胚胎发育提供更适宜的条件。例如，纳米纤维支架可以模拟子宫内膜的细胞外基质，为胚胎提供附着和生长的支持；纳米颗粒则可以作为信号分子，调控胚胎的发育过程。这些纳米材料的应用，不仅提高了胚胎的存活率，还促进了胚胎的正常发育，为奶牛繁殖的成功提供了有力保障。

纳米技术在奶牛繁殖管理中的应用正逐步深入，其独特的性质和优势为奶牛繁殖健康带来了革命性的变化。随着研究的不断深入和技术的不断成熟，我们有理由相信，纳米技术将在奶牛繁殖管理中发挥更加重要的作用，为奶牛业的可持续发展贡献力量。

第三节 畜牧业可持续发展视角下的繁殖健康管理

一、可持续发展理念对繁殖健康管理的新要求

在畜牧业可持续发展的宏观框架下，奶牛繁殖健康管理正面临着一系列新的挑战与前所未有的机遇，这些挑战与机遇要求我们在保障奶牛繁殖性能的同时，实现经济、环境和社会三方面的协调发展。这一目标的实现，意味着我们在进行繁殖健康管理时，不仅要关注奶牛个体的繁殖效率和健康状况，更要从更广阔的视角出发，综合考虑整个养殖系统对环境的影响、资源的利用效率以及动物福利等多维度因素。

从经济角度来看，提高奶牛繁殖健康水平是降低繁殖成本、提升养殖效益的关键。通过有效减少繁殖障碍性疾病的发生，我们可以显著缩短奶牛的产犊间隔，增加每头奶牛的终身产犊数，从而直接提高牛奶和牛肉的产量，为养殖者带来更为可观的经济收入。此外，可持续发展理念还强调了对外部资源依赖的降低，这要求我们在饲料和药

品的使用上更加合理，以应对可能的资源短缺和价格波动问题。

从环境角度出发，奶牛繁殖健康管理对于减少养殖过程中的环境污染具有至关重要的作用。繁殖障碍性疾病的减少，意味着因疾病治疗而使用的抗生素和其他化学药品的减少，这将大大降低对土壤、水体和空气的污染风险。此外，优化奶牛的营养管理，通过精准饲养技术减少粪便中营养物质的排泄量，可以有效降低养殖废弃物对周边环境的富营养化压力。

在社会层面，随着消费者对动物福利和食品安全的关注度不断提高，奶牛繁殖健康管理也需要更加注重这些方面的考量。这要求我们在进行繁殖操作时，必须充分考虑奶牛的福利需求，确保繁殖过程符合伦理道德标准。

二、绿色繁殖健康管理策略与实践

(一) 环保型繁殖技术与操作规范

为了实现畜牧业的可持续发展，我们必须积极推广一系列环保型的繁殖技术和操作规范，这些措施不仅有助于提升奶牛繁殖效率，还能显著减少对环境的不良影响。

在人工授精这一关键环节，我们鼓励使用可重复使用的授精器械。相较于一次性器械，这些器械能够大幅减少医疗废物的产生，从而降低对环境的污染。当然，为了确保这些器械的安全性和有效性，我们必须建立严格的清洁和消毒程序，并确保其符合环保要求。这不仅能够减少交叉感染的风险，还能确保授精过程的顺利进行，提高繁殖成功率。

在胚胎移植技术方面，我们同样需要优化操作流程，以提高胚胎的成活率。通过改进胚胎培养的条件和方法，我们可以为胚胎提供更适宜的生长环境，从而减少因胚胎损失而导致的资源浪费。同时，在移植过程中，我们也需要提高操作的精准度和效率，确保胚胎能够成功着床并发育。这些措施不仅能够提高繁殖效率，还能降低对胚胎资源的依赖，进一步推动畜牧业的可持续发展。

(二) 资源高效利用与循环经济模式在繁殖管理中的应用

在奶牛繁殖健康管理中，实现资源的高效利用和构建循环经济模式是通往可持续发展的重要桥梁。这一理念不仅有助于提升奶牛养殖的经济效益，更能在环境保护和资源节约方面发挥积极作用。

在营养管理方面，我们充分利用养殖场内的有机废弃物（如牛粪和农作物秸秆等），这些原本的废弃物，通过先进的厌氧发酵技术，可以转化为宝贵的沼气资源。沼气作为一种清洁能源，能够为养殖场提供电力和热能，显著降低养殖过程中的能源消耗和碳排放。同时，发酵后的沼渣和沼液富含丰富的有机质和营养元素，是优质的有机肥料。将它们应用于农田，不仅能够有效提升土壤的肥力，促进农作物的生长，还能实现营养物质的循环利用，减少化肥的使用，降低对环境的污染。

在繁殖相关物资的管理上，我们同样注重资源的回收和再利用。对于淘汰奶牛的生殖器官组织，我们采取科学的处理方法，通过先进的生物技术，可以从中提取多种有价值的生物成分。例如，胶原蛋白是动物体内含量最丰富的蛋白质之一，具有广泛的应用前景。从淘汰奶牛的生殖器官中提取的胶原蛋白，经过纯化和加工，可以用于医药、化妆品、食品等多个行业，实现资源的高值化利用。此外，我们还可以利用这些组织进行科学研究，探索其在生物学、医学等领域的新应用，为科技进步和产业发展贡献力量。

三、动物福利提升与繁殖健康的协同效应

(一) 动物福利原则在繁殖健康管理中的贯穿

动物福利在奶牛繁殖健康管理中占据着举足轻重的地位，它关乎奶牛的整体健康状况、繁殖性能乃至整个养殖系统的可持续性。因此，从繁殖设施的设计到繁殖操作的每一个环节，我们都必须充分考虑奶牛的生理和心理需求，确保它们能够在舒适、安全的环境中生活与繁殖。

在牛舍设计方面，我们要为奶牛提供足够的活动空间。宽敞的牛舍可以让奶牛自由活动，满足其天性和运动需求，这不仅有助于奶牛

保持身体健康，还能减少因拥挤而产生的应激反应。同时，牛舍内的躺卧区域也需要精心设计，确保奶牛能够舒适地躺卧和休息，这对于维持奶牛正常的生殖激素分泌和发情周期至关重要。此外，牛舍的环境卫生条件也不容忽视，我们需要定期清洁和消毒牛舍，保持空气流通，为奶牛提供一个干净、卫生的生活环境。

在繁殖操作过程中，我们更要遵循无痛、无创的原则，确保奶牛在繁殖过程中不受伤害。例如，在人工授精时，我们需要选择大小合适、柔软度适中的授精枪，并由经过专业培训的人员进行操作。这些专业人员需要掌握正确的操作方法，确保在插入授精枪时不会对奶牛的生殖道造成损伤。同时，我们还需要密切关注奶牛的反应，及时调整操作方法，以减少奶牛的疼痛和不适。

在胚胎移植过程中，我们同样需要注重奶牛的福利。采用温和的麻醉和保定方法，可以显著降低奶牛在手术过程中的痛苦和应激反应。同时，我们还需要为奶牛提供充足的休息和恢复时间，确保它们能够顺利度过手术期，并尽快恢复正常的生理功能。

除了生理需求外，奶牛的社交需求也不容忽视。奶牛是群居动物，它们需要与其他奶牛进行交流和互动。因此，在繁殖管理过程中，我们需要避免长时间将奶牛隔离在单独的圈舍中，而是应该为它们提供足够的社交机会，以提高奶牛的整体福利水平和繁殖健康。

（二）福利导向的繁殖健康管理对可持续发展的促进

福利导向的繁殖健康管理策略，不仅深刻影响着奶牛个体的繁殖健康与生活质量，更在宏观层面上对畜牧业的可持续发展产生了积极的推动作用。通过提升奶牛的福利水平，我们能够显著降低由应激反应和疾病所引发的繁殖障碍，这直接提升了奶牛的繁殖效率，进而促进了养殖效益的增长。在良好的福利条件下，奶牛的身体机能得以优化，繁殖周期更为规律，产犊率和幼崽成活率显著提高，为养殖者带来更为可观的经济回报。

更为重要的是，符合动物福利标准的养殖模式在市场中更具竞争力。随着消费者对食品安全和动物福利问题的日益关注，那些能够证明其生产过程遵循了高标准的动物福利原则的畜产品，更容易获得消费者的信任和青睐。这不仅提升了产品的品牌形象和市场价值，还增强了消费者对畜牧业的正面认知，为畜牧业的可持续发展奠定了坚实的市场基础。

　　福利导向的繁殖健康管理策略还有助于减少不必要的医疗干预和治疗。在以往，为了提高繁殖效率，养殖者可能会过度依赖药物和手术手段来处理奶牛的繁殖问题。然而，这种做法不仅增加了养殖成本，还可能对奶牛的健康造成长期损害，同时加剧了环境压力。而通过提升奶牛福利，我们可以降低这些不必要的干预，转而采用更为自然、健康的繁殖管理方式，从而在保障奶牛健康的同时，也减轻了养殖过程中的资源消耗和环境负担。

第四节　繁殖障碍疾病防控的国际合作与资源共享

一、国际研究合作项目的开展

（一）建立联合研究网络

　　为了更加全面且深入地探索奶牛繁殖障碍疾病的奥秘，寻求更有效的预防和治疗手段，全球范围内的科研机构、高等学府以及行业领军企业正以前所未有的热情与决心，积极构建跨领域、跨国界的联合研究网络。这一趋势在提升奶牛健康管理水平、保障乳制品产业链稳健发展方面发挥着举足轻重的作用。

　　以欧洲、北美和亚洲为代表，这些地区的顶尖农业科研院校，如荷兰的瓦赫宁根大学、美国的康奈尔大学以及中国的中国农业大学等，与诸如雀巢、达能、蒙牛等大型乳业企业携手，共同成立了"国际奶牛繁殖健康研究联盟"。这一联盟如同一座桥梁，将分散于世界各地的科研力量紧密相连，通过整合不同地区的研究资源、数据以及先进的实验设施，为开展大规模、跨学科、跨区域的研究项目提供了坚不可摧的基石。

(二) 开展跨国流行病学调查

奶牛繁殖障碍疾病的发生是一个复杂且多元的问题，其背后涉及环境、饲养管理、遗传品种以及生物安全等多个层面的因素。由于地理、气候、饲养习惯及奶牛品种等差异，不同国家和地区的奶牛繁殖障碍疾病流行情况和具体特点往往呈现出显著的多样性。因此，开展跨国流行病学调查，成为国际合作研究领域中不可或缺的一环，它对于揭示疾病的全球分布规律、探索其发生发展的深层次原因具有重要意义。

在这一背景下，多个国家的科研团队积极响应，跨越国界携手合作，共同推进奶牛繁殖障碍疾病的跨国流行病学调查。他们深入不同地区的奶牛场，进行系统的采样和监测工作，收集了大量的第一手疾病数据，这些数据涵盖了发病情况、病原菌种类、感染途径以及治疗效果等多个维度，为后续的深入研究提供了宝贵的资料库。

(三) 合作开展基础研究

在奶牛繁殖障碍疾病的基础研究领域，国际合作的力量同样展现出了非凡的成效，为奶牛健康科学的进步注入了新的活力。多个国家的科研团队携手并进，共同致力于揭示奶牛繁殖障碍疾病的遗传机制这一复杂而关键的科学问题。他们利用先进的基因组测序和分析技术，对不同品种的奶牛进行了全面而深入的遗传学研究。

在这一过程中，研究人员不仅成功发现了多个与奶牛繁殖障碍紧密相关的基因位点和遗传变异，还进一步揭示了这些遗传变异对奶牛繁殖性能的具体影响及其作用机制。这些宝贵的发现不仅为我们更深入地理解奶牛繁殖障碍的遗传基础提供了重要线索，还为奶牛的遗传选育工作指明了方向，为培育出繁殖性能更加优越、适应性更强的奶牛品种奠定了坚实的理论基础。

二、知识共享与最佳实践推广

(一) 学术交流与会议

国际学术交流会议作为连接全球智慧与创新的桥梁，在奶牛繁殖健康领域的知识共享与技术交流中扮演着至关重要的角色。每年，世界各地都会如期举办一系列聚焦于奶牛繁殖健康的学术会议,这些盛会如同磁石一般,吸引着来自五湖四海的专家、学者、一线从业者以及行业领袖前来参与。

在这些高规格、高水平的会议上,研究人员纷纷亮出自己的最新研究成果,无论是基础研究的突破性发现,还是临床实践的宝贵经验,都被无私地分享给与会者。同时,他们还会围绕奶牛繁殖障碍疾病的防控这一核心议题,深入探讨当前面临的挑战、热点问题以及解决策略,为与会者提供了一个思想碰撞、智慧交融的绝佳舞台。

"世界奶牛健康大会"无疑是这一领域最具影响力的学术会议之一,每两年举办一次,汇聚了全球奶牛健康领域的精英力量。会议期间,精心设计的专题研讨会和论坛轮番上演,涵盖了奶牛繁殖障碍疾病的诊断技术、治疗方法、预防措施以及遗传选育等多个方面,为参会者呈现了一场知识与技术的盛宴。

(二) 在线资源平台与数据库建设

随着信息技术的飞速发展,互联网已成为连接全球智慧、促进知识共享的重要纽带。在奶牛繁殖健康领域,一系列在线资源平台和数据库应运而生,它们如同知识的宝库,为全球养殖户、兽医以及相关科研人员提供了便捷、高效的信息获取途径。

一些国际组织和科研机构(如联合国粮食及农业组织、世界动物卫生组织),以及各大农业科研院校,纷纷建立了奶牛繁殖健康在线资源平台。这些平台通过收集、整理和更新全球范围内的研究文献、病例报告、防控方案等丰富信息,构建起了一个庞大的知识库。无论是科研人员需要查阅最新的研究成果,还是养殖户和兽医希望了解实用的防控技术,都可以在这些平台上找到满意的答案。而且,这些平台提供免费的访问权限,大大降低了知识获取的成本,使得更多人能够受益。

与此同时,一些大型的奶牛养殖企业也意识到了知识共享的重要性,纷纷建立了内部的知识共享平台。这些平台不仅记录了企业在奶牛繁殖障碍疾病防控方面的宝贵经验和成功案例,还鼓励员工积极分享自己的专业知识和实践经验。通过这样的内部交流,企业的防控水平得到了显著提升，同时也形成了良好的产业协同效应。更重要的是，一些企业还愿意将这些经验和做法分享给合作伙伴和供应商，从而带动整个产业链的健康发展。

在线资源平台和数据库的出现，不仅极大地丰富了奶牛繁殖健康领域的知识资源，还促进了知识的快速传播与广泛应用。它们正成为推动奶牛繁殖健康科学研究与实践应用不断进步的重要力量。

（三）培训与教育项目

为了将奶牛繁殖障碍疾病防控领域的先进知识和技术普及到全球每一个需要的角落，国际组织和相关机构展现出了前所未有的决心和行动力。联合国粮食及农业组织——作为这一领域的领航者，更是责无旁贷地承担起了推动全球奶牛健康繁殖的重任。

联合国粮食及农业组织深知，发展中国家在奶牛养殖技术和疾病防控方面往往面临着更多的挑战和困难。因此，他们与发展中国家的农业部门建立了紧密的合作关系，共同策划并成功举办了多期奶牛繁殖障碍疾病防控技术培训班。这些培训班不仅覆盖了亚洲、非洲、拉丁美洲等多个地区，还深入到了偏远的农村地区，真正做到了将先进的知识和技术送到养殖户的家门口。

在培训班的策划和组织上，联合国粮食及农业组织倾注了大量的心血和智慧。他们精心挑选了来自世界各地的国际知名专家和学者担任讲师，这些讲师不仅拥有深厚的学术背景和丰富的理论知识，更在奶牛繁殖障碍疾病的防控方面积累了丰富的实践经验。他们的加入，无疑为培训班注入了强大的师资力量。

培训班的课程设置和内容安排也极具针对性和实用性。理论教学部分，讲师们通过生动形象的讲解和深入浅出的分析，向学员们系统地传授了奶牛繁殖障碍疾病的病因、病理、诊断技巧以及治疗方法等方面的知识。实践操作部分，则通过互动式的案例分析和实地操作演练，让学员们亲身体验和掌握了疾病的防控技能。

这些培训项目不仅显著提升了当地养殖户和兽医的专业技能与知识水平，使他们能够更好地应对奶牛繁殖障碍疾病的挑战，还有效促进了国际的技术交流与合作。学员们在培训过程中不仅学到了先进的技术和方法，还结识了来自世界各地的同行和朋友，为今后的交流与合作打下了坚实的基础。

三、全球资源协调应对突发繁殖健康问题

（一）建立应急响应机制

面对奶牛繁殖健康领域可能遭遇的突发事件（如大规模传染病疫情的突然爆发或自然灾害不可预测的侵袭），构建一套高效、协同且具备快速反应能力的全球应急响应机制，无疑成为保障奶牛养殖业健康稳定发展的关键所在。这一机制的建立，旨在确保在紧急情况下，国际组织、各国政府以及相关企业能够迅速集结力量，形成合力，采取果断而有效的措施，最大限度地减少灾害带来的损失。

以非洲部分地区暴发的牛瘟疫情为例，这一突如其来的灾难性事件对当地的奶牛养殖业造成了前所未有的冲击和破坏。牛瘟是一种高度传染性的动物疫病，其传播速度快、感染范围广，一旦暴发，往往会对当地的畜牧业造成毁灭性的打击。面对这一严峻挑战，世界动物卫生组织作为全球动物卫生领域的权威机构，迅速启动了其应急响应机制，展现出了强大的组织协调能力和高效的执行力。

在疫情暴发的第一时间，世界动物卫生组织立即召集了来自世界各地的兽医专家和防疫人员，组建了一支专业的援助团队。这支团队不仅拥有丰富的专业知识和实践经验，还具备应对各种复杂疫情挑战的能力。他们迅速抵达疫情最严重的地区，与当地政府和兽医部门紧密合作，共同开展疫情调查、病例追踪和防疫消杀等一系列工作。

同时，世界动物卫生组织还紧急调配了所需的防疫物资和技术支持，包括疫苗、消毒剂、防护装备等，确保了一线防疫工作的顺利开展。物资和技术的及时到位，为有效控制疫情的进一步蔓延提供了有力保障。通过这一系列高效而有力的举措，世界动物卫生组织不仅有力地协助当地政府控制了牛瘟疫情的进一步扩散，还为奶牛养殖业的恢复与发展赢得了宝贵的时间。他们的工作不仅体现了国际社会对非洲地区畜牧业发展的深切关怀和支持，也为全球动物卫生领域的应急响应机制建设树立了典范。

（二）疫苗和药物的联合研发与调配

疫苗和药物在奶牛繁殖障碍疾病的防控中起到了至关重要的作用。为了更有效地应对这些疾病，全球各国在疫苗和药物的研发、生产及调配方面加强合作，共同构建起了一道坚实的防线。

一些国际知名的制药企业携手科研机构，致力于开发针对奶牛繁殖障碍疾病的新型疫苗和高效药物。他们投入大量资源，运用先进的生物技术，力求在疫苗的有效性和药物的安全性上取得突破。

（三）信息共享与预警系统建设

在应对奶牛繁殖健康这一全球性挑战时，及时且准确的信息共享成为资源协调与快速响应的基石。为此，各国纷纷建立了奶牛繁殖健康信息监测系统，这一系统如同一张精密的网，实时捕捉并分析着奶牛的健康数据与疾病动态。这些宝贵的信息不仅反映了奶牛群体的整体健康状况，还为及时发现潜在的健康风险提供了可能。

第八章 结语

第一节 主要发现与贡献总结

一、全面解析奶牛繁殖生理与机制

通过本书各个章节系统而全面的阐述,我们对奶牛的繁殖生理有了极为深入且细致的理解。从奶牛生殖系统那复杂而精细的详细解剖结构开始,逐步深入到其背后错综复杂的内分泌调控机制之中,本书清晰明了地为我们呈现出了精子与卵子从发生、运输、受精,直至胚胎发育和着床这一系列生命过程。

在这一系列过程中,使我们能够深刻体会到奶牛繁殖生理的奥秘与神奇。例如,在生殖系统的解剖结构中,各个器官的位置、形态以及它们之间的相互连接与配合,让我们能够直观地感受到奶牛生殖系统的复杂与精妙。

而在内分泌调控机制方面,本书则通过深入浅出的方式,为我们揭示了各种激素如何协同作用,共同调控奶牛的繁殖功能。这些激素的微妙变化,不仅影响着精子和卵子的生成与发育,还决定着它们能否顺利相遇并完成受精过程。

二、系统梳理繁殖障碍性疾病及其影响因素

本书介绍了奶牛繁殖生理的基础知识,还全面地阐述了各类常见的奶牛繁殖障碍性疾病,涵盖了卵巢机能障碍、子宫内膜炎、输卵管

第八章　结语

炎以及多种其他影响奶牛繁殖健康的疾病。

在病因分析方面，本书不仅指出了各种疾病可能由哪些具体的生理异常或外界因素引发，还描述了这些病因背后的生物学机制和病理过程，使读者能够从根本上理解疾病的本质。

在症状描述上，将各种疾病可能表现出的临床症状进行了较全面的描绘，帮助读者在实际操作中能够较迅速准确地识别出奶牛可能患有的繁殖障碍性疾病。

而在诊断方法和治疗策略方面，本书从常用的实验室检测到先进的影像学检查，从药物治疗到手术治疗，再到营养调理和饲养管理，为读者提供了多种可供选择的治疗方案。

三、集成先进繁殖技术与实用管理策略

在奶牛繁殖技术的探讨上，本书不仅涵盖了从传统的人工授精技术，还包括现代的高科技繁殖手段如胚胎移植、基因编辑等技术，描述了这些技术的原理、操作流程以及它们在奶牛养殖业中的广阔应用前景。

对于传统的人工授精技术，本书从精子的采集、处理、储存到授精的具体步骤，都作出了说明，让读者能够了解这一基础而重要的繁殖技术。同时，本书也指出了人工授精在提高繁殖效率、减少疾病传播等方面的优势，以及在实际操作中可能遇到的问题和解决方案。

而在现代繁殖技术方面，本书则重点介绍了胚胎移植和基因编辑这两项前沿技术。对于胚胎移植，本书从胚胎的采集、培养、冷冻保存、解冻到移植的全过程，都进行了描述，让读者能够了解这一技术背后的生物学原理和技术细节。

在基因编辑技术方面，本书则介绍了 CRISPR-Cas9 等先进工具在奶牛遗传改良中的应用，包括疾病抗性、生产性能等方面的基因编辑案例，为奶牛养殖业的未来发展提供了无限可能。

除了繁殖技术，本书还探讨了奶牛养殖过程中的实用管理策略。从奶牛不同生理阶段的饲养管理，如干奶期、围产期、泌乳期的营养需求和饲养要点，到繁殖计划的制订与执行，包括发情监测、配种时

机选择、妊娠诊断等关键环节。

第二节 对奶牛养殖者的建议

一、加强繁殖管理意识与知识更新

(一) 持续学习

奶牛养殖者作为奶牛健康与生产效率的直接守护者，应当始终保持对新知识、新技术的学习热情，这是提升养殖水平、确保牛群健康、提高经济效益的关键所在。在这个日新月异的时代，奶牛繁殖领域的研究和实践也在不断进步，新的技术、方法和理念层出不穷。因此，奶牛养殖者必须紧跟时代步伐，不断更新自己的知识储备，才能在这场养殖业的竞争中立于不败之地。

此外，阅读相关行业资料也是获取新知识的重要途径。无论是专业期刊、行业报告，还是网络上的论坛、博客，都蕴含着大量的奶牛养殖信息和实用技巧。养殖者可以通过这些渠道，及时了解奶牛繁殖领域的最新动态和前沿技术，如基因检测技术在种牛选择中的应用等。这些新技术、新方法的应用，不仅可以提高种牛的遗传品质，优化牛群遗传结构，还可以减少疾病风险，提高繁殖效率，从而带来更高的经济效益。

值得注意的是，新型繁殖技术的发展往往伴随着一定的挑战和风险。因此，养殖者在学习和应用新技术时，应保持谨慎态度，充分评估其可行性和安全性。同时，也要加强与技术提供方的沟通和交流，确保技术的正确应用和效果的最大化。

(二) 建立繁殖档案

为每头奶牛建立详细且系统的繁殖档案，是奶牛养殖管理中至关重要的一环。这份档案不仅记录了奶牛个体的发情周期、配种情况、妊娠诊断结果、产犊信息以及疾病史等关键信息，更是奶牛繁殖健康与生产效率的宝贵资料库。

发情周期的准确记录，有助于养殖者掌握奶牛的自然繁殖规律，从而合理安排配种时间，提高受孕率。配种情况的详细记载，则能够追溯每一次配种的具体过程，包括配种时间、使用的精液来源、配种方式等，这对于分析配种效果、优化配种策略具有重要意义。

妊娠诊断结果的记录，是确认奶牛是否成功受孕的关键依据。通过定期进行妊娠检查，并准确记录诊断结果，养殖者可以及时了解奶牛的妊娠状态，为后续的饲养管理和营养补充提供指导。同时，对于未受孕的奶牛，也可以及时采取措施，如再次配种或进行疾病排查，以减少空怀期，提高繁殖效率。

产犊信息的记录，则涵盖了奶牛的分娩日期、分娩方式、产犊数量、犊牛健康状况等重要信息。这些信息不仅有助于评估奶牛的繁殖性能，还可以为后续的繁殖计划制定提供参考。例如，对于分娩困难的奶牛，可以在下次分娩前采取预防措施，降低分娩风险。

疾病史的记录，则是奶牛健康管理的重要组成部分。通过详细记录奶牛患病的时间、症状、治疗措施及康复情况，养殖者可以及时发现奶牛潜在健康问题，为制订个性化的健康管理方案提供依据。同时，对于具有遗传倾向的疾病，也可以通过疾病史的追溯，进行有针对性的遗传筛查和防控。

通过对这些繁殖档案数据的深入分析，养殖者可以发现个体奶牛的繁殖规律和潜在问题，如发情不规律、受孕困难、流产频发等。这些发现可以为制订个性化的繁殖管理方案提供依据，如调整饲养管理策略、优化配种方案、加强疾病防控等。此外，长期积累的繁殖档案数据，还有助于对整个牛群的繁殖性能进行评估和预测。通过对牛群繁殖数据的统计分析，养殖者可以了解牛群的平均发情周期、受孕率、产犊率等关键指标，从而评估牛群的繁殖健康状况。同时，这些数据还可以为未来的繁殖计划制订提供数据支持，如预测未来的产犊数量、调整牛群结构等。

二、优化饲养管理措施

(一) 精准营养供应

奶牛养殖中,精确调整饲料配方以适应奶牛不同生理阶段和繁殖状态的需求,是确保奶牛健康、提高生产性能的关键措施。奶牛的一生经历了多个重要的生理阶段,包括干奶期、围产期、泌乳期等,每个阶段都有其特定的营养需求。同时,奶牛的繁殖状态,如发情、配种、妊娠、产犊等,也会对营养需求产生影响。因此,养殖者必须根据奶牛的实际情况,灵活调整饲料配方,以满足其全面、均衡的营养需求。

在干奶期,奶牛处于乳腺休息和恢复阶段,此时应适当减少蛋白质和能量的摄入,避免过度肥胖,同时增加粗饲料比例,促进瘤胃蠕动,保持消化系统健康。饲料中应含有足够的纤维素,以维持奶牛的饱腹感和瘤胃的正常发酵功能。此外,还应关注钙、磷等矿物质的供应,以维持骨骼健康。

围产期是奶牛生产前后的关键时期,此时奶牛的营养需求急剧增加,以满足胎儿的生长发育和产后恢复的需要。在产前阶段,应逐渐增加饲料的能量和蛋白质含量,以满足胎儿快速增长的需求。同时,饲料中应添加足够的维生素 A、D、E 等,以支持胎儿视力和免疫系统的发育。产后阶段,应提供易于消化的高能饲料,促进奶牛体力的快速恢复和泌乳的启动。此时,还应注意钙的补充,以预防产后瘫痪等问题的发生。

泌乳期是奶牛生产性能发挥的关键阶段,此时奶牛需要分泌大量的乳汁,对营养的需求极高。饲料配方应以高蛋白、高能量的饲料为主,同时确保各种维生素和矿物质的充足供应。特别是维生素 A、E 和钙、磷、锌等矿物质,对维持奶牛生殖系统的正常功能和胚胎发育至关重要。此外,还应注意饲料的适口性和消化性,以提高奶牛的食欲和饲料的利用率。

在繁殖期的奶牛,营养需求更加特殊。除了上述基本营养素的供应外,还应特别注意维生素 A、E 和矿物质(如钙、磷、锌)的充足供应。维生素A对维持奶牛视力、免疫系统和生殖系统的正常功能至关重要；维生素E则具有抗氧化作用，可以保护细胞膜和生殖细胞免受氧化损伤；钙、磷是构成骨骼和牙齿的主要成分，对维持奶牛骨骼健康和胎儿骨骼发育具有重要意义；锌则参与多种酶的合成和能量代谢过程，对维持奶牛生殖系统的正常功能具有不可替代的作用。

为了确保饲料的质量和安全，养殖者应密切关注饲料的保存和运输过程，避免使用发霉变质的饲料。定期对饲料进行营养成分分析，了解饲料的实际营养含量，以便及时调整饲料配方。如有必要，可以咨询专业营养师，根据奶牛的实际情况和营养需求，制订个性化的饲料配方。

（二）环境控制与舒适度保障

为奶牛创造一个良好的生活环境，是确保其健康、提高繁殖效率的重要基础。奶牛的生活环境包括牛舍内部的温度、湿度、通风和光照条件，以及牛舍外部的整体布局和饲养密度等因素，这些因素都对奶牛的生理功能和繁殖性能产生着深远的影响。

在温度控制方面，奶牛对温度的变化较为敏感。在炎热的夏季，高温会导致奶牛体温升高，呼吸加快，食欲减退，甚至引发热应激，严重影响奶牛的繁殖性能和健康。因此，夏季应做好防暑降温工作（如安装风扇、喷淋系统、遮阳网等），以降低牛舍内的温度，为奶牛创造一个凉爽舒适的生活环境。同时，还应保持牛舍内的通风良好，及时排出热气和湿气，防止奶牛因高温高湿而引发疾病。

在冬季，寒冷的气温会对奶牛的生理机能产生不利影响（如降低免疫力、增加疾病风险等）。因此，冬季应注意防寒保暖（如增加垫料厚度、修缮牛舍门窗、使用保温材料等），以提高牛舍内的温度，减少冷风侵袭。同时，还应保持牛舍内的干燥，防止因湿度过大而引发呼吸道疾病。

除了温度控制，湿度也是影响奶牛生活环境的重要因素。适宜的湿度有助于保持奶牛皮肤的湿润和舒适，减少皮肤病的发生。在湿度过高的情况下，奶牛会感到闷热不适，影响食欲和繁殖性能。因此，应保持牛舍内的通风良好，及时排出湿气，保持适宜的湿度水平。

通风条件的好坏直接关系到奶牛生活环境的空气质量。良好的通风可以排出牛舍内的有害气体和微生物，保持空气清新，有助于减少呼吸道疾病的发生。同时，通风还可以调节牛舍内的温度和湿度，为奶牛创造一个舒适的生活环境。因此，应合理设计牛舍的通风系统，确保空气流通顺畅。

三、重视繁殖障碍的预防与早期诊断

(一) 预防为主

注重养殖场的生物安全，是保障奶牛健康、提高繁殖效率、防止疾病传播的关键环节。生物安全的核心在于防止外来病原体的传入，以及减少场内病原体的传播和扩散。因此，养殖场必须严格执行一系列严格的消毒制度，确保人员、车辆和物资的清洁与安全。

对于进出养殖场的人员，必须严格执行消毒程序。人员进入前，应更换专用的工作服和鞋靴，并通过消毒通道或淋浴间进行全身消毒，以去除可能携带的病原体。同时，养殖场应设立专门的访客接待区，避免访客直接进入生产区，减少疾病传播的风险。

车辆进出养殖场时，同样需要进行严格的消毒处理。特别是运输饲料、牛奶等物资的车辆，应在使用前后进行彻底的清洗和消毒，以防止病原体通过车辆传播。此外，养殖场还应设立专门的车辆消毒区，配备专业的消毒设备和消毒剂，确保车辆消毒的彻底性和有效性。

对于进入养殖场的物资（如饲料、药品、器械等），也应进行严格的消毒处理。特别是来自疫区的物资，应经过更为严格的检测和消毒程序，以确保其安全性。同时，养殖场应建立物资管理制度，对物资的采购、储存、使用等环节进行严格控制，防止因物资管理不当而引发的疾病传播。

除了严格执行消毒制度外，加强对奶牛的日常健康检查也是保障奶牛健康的重要措施。养殖者应定期对奶牛进行健康检查，包括体温测量、观察精神状态、检查乳房和生殖器官等，及时发现和处理潜在的疾病隐患。特别是产后奶牛，应给予特别的关注和护理，预防胎衣不下、子宫内膜炎等产后疾病的发生。对于发现的疾病问题，应及时进行隔离和治疗，防止疾病在牛群中的传播和扩散。

（二）早期诊断与及时治疗

熟悉奶牛繁殖障碍的常见症状，对于及时发现问题并采取相应的治疗措施至关重要。奶牛繁殖障碍可能表现为多种症状，包括但不限于发情异常、恶露异常、繁殖效率低下等。这些症状不仅影响奶牛的正常繁殖周期，还可能导致繁殖性能下降，进而影响养殖场的经济效益。

发情异常是奶牛繁殖障碍的常见症状之一。正常的发情周期是奶牛受孕的基础，但发情异常可能表现为发情周期不规律、发情持续时间过长或过短、发情症状不明显等。这些症状可能由于内分泌失调、营养不足或疾病感染等原因引起。一旦发现发情异常，养殖者应立即进行详细的临床检查，以判断是否存在潜在的繁殖障碍问题。

恶露异常是奶牛产后常见的繁殖障碍症状。恶露是奶牛分娩后子宫内排出的液体，正常情况下应逐渐减少并在一定时间内完全排出。但恶露异常可能表现为颜色异常（如红色、脓性）、气味恶臭、持续时间过长等。这些症状可能暗示着子宫感染、胎盘滞留或子宫内膜炎等繁殖障碍疾病。对于恶露异常的奶牛，养殖者应及时采集样本进行实验室检测，以明确病原体和感染程度。

繁殖效率低下是奶牛繁殖障碍的另一种表现形式。这可能表现为受孕率下降、流产率增加、空怀期延长等。繁殖效率低下的原因可能涉及多个方面，如营养不良、饲养管理不当、疾病感染、遗传缺陷等。为了提高繁殖效率，养殖者应对奶牛进行定期的繁殖性能评估，并根据评估结果调整饲养管理策略。

在诊断奶牛繁殖障碍时，综合运用临床检查、实验室检测和影像学诊断等多种方法是非常重要的。临床检查可以通过观察奶牛的症状、体征和行为来初步判断是否存在繁殖障碍问题。实验室检测则可以通过采集血液、尿液、乳汁等样本，检测相关激素和病原体的水平，以明确病因。影像学诊断如B超、X光等，可以直观地观察奶牛的生殖器官结构和功能，为诊断提供更为准确的信息。

第三节 未来工作展望

一、繁殖技术创新与应用拓展

(一)基因编辑技术的深入研究与实践

基因编辑技术在奶牛繁殖领域的确展现出了前所未有的潜力,为奶牛品种的改良和繁殖性能的提升开辟了新的途径。这一技术的核心在于对奶牛基因组进行精准的操作,通过修改或优化与繁殖相关的基因序列,从而实现对奶牛繁殖性状的定向改良。

在奶牛繁殖性状改良方面,基因编辑技术具有显著的优势。例如,通过精准编辑与排卵相关的基因,我们可以探索提高奶牛排卵率的可能性,这意味着每头奶牛在每次发情周期中能够排出更多的卵子,进而增加受孕的机会和后代数量。同样地,对胚胎着床相关基因的编辑也可能帮助提高胚胎在子宫内的着床率,减少早期胚胎流失,从而提高妊娠成功率。此外,基因编辑技术还可以用于改善胚胎质量,通过优化胚胎发育过程中的关键基因表达,使胚胎更加健壮,具有更高的存活率和生长潜力。

然而,尽管基因编辑技术在奶牛繁殖领域的应用前景广阔,但其安全性和伦理问题也不容忽视。基因编辑技术的安全性主要体现在对编辑后奶牛及其后代的健康影响上。我们需要深入研究基因编辑可能带来的潜在风险,如基因突变、脱靶效应等,确保编辑后的奶牛在生理、生化、行为等方面均保持正常,且对后代无不良影响。此外,基因编辑技术的伦理问题也值得我们深思。如何确保技术的合理使用,避免滥用和误用,保护奶牛福利,维护生态平衡,都是我们需要认真考虑的问题。

为了确保基因编辑技术在奶牛养殖业中的可持续应用,我们需要采取一系列措施。首先,加强基因编辑技术的研究和监管,确保技术的安全性和有效性。这包括建立严格的基因编辑技术标准和操作规程，对编辑后的奶牛进行严格的健康监测和评估，以及建立长期跟踪观察机制，以评估基因编辑技术的长期影响。其次，加强伦理审查和监督，确保基因编辑技术的使用符合伦理原则。这包括建立伦理审查机构，对基因编辑技术的使用进行严格的伦理审查，确保技术的使用符合社会伦理和道德标准。最后，加强公众教育和沟通，提高公众对基因编辑技术的认知和理解，增强社会对基因编辑技术的信任和支持。

基因编辑技术在奶牛繁殖领域的应用前景广阔，但也需要我们谨慎对待。通过深入研究基因编辑技术在奶牛繁殖性状改良方面的应用，同时加强对技术安全性和伦理问题的研究，我们可以期待这项技术为奶牛养殖业带来革命性的变革，推动奶牛品种的持续优化和繁殖性能的不断提升。

（二）智能化繁殖管理系统的完善

随着信息技术的飞速进步和人工智能技术的日益成熟，智能化繁殖管理系统在奶牛养殖业中的应用前景愈发广阔。这一系统通过整合来自多种传感器的数据，以及运用先进的数据分析算法，能够实现对奶牛发情、妊娠状态以及潜在疾病的更准确、更早期的预测和诊断，从而极大地提升了奶牛繁殖管理的效率和精确度。

在智能化繁殖管理系统中，传感器扮演着至关重要的角色。它们能够实时监测奶牛的各种生理指标，如活动量、体温以及阴道电阻等。活动量传感器可以捕捉奶牛的日常运动情况，反映其健康状况和繁殖周期的变化；体温传感器则能够实时测量奶牛的体温，帮助识别可能的发热症状，及时预警潜在的健康问题；阴道电阻传感器则能够监测奶牛生殖道的生理变化，为发情周期的准确判断提供重要依据。

这些数据被收集后，会经过先进的数据分析算法的处理。这些算法能够深入挖掘数据中的关联性和规律，从而实现对奶牛发情、妊娠状态的精准预测。通过机器学习技术，系统还能够不断学习和优化预测模型，提高预测的准确性和可靠性。

此外，智能化繁殖管理系统还能够为奶牛养殖业的可持续发展提供支持。通过优化繁殖管理，提高奶牛的繁殖效率和生产性能，可以降低对资源的消耗和环境的压力。同时，系统还能够为养殖者提供决策支持，帮助他们制订更加科学合理的养殖计划，实现经济效益和生态效益的双赢。

通过整合传感器数据和先进的数据分析算法，系统能够实现对奶牛发情、妊娠和疾病的更准确、更早期的预测和诊断，为养殖者提供个性化的繁殖管理建议，优化配种计划和饲养管理措施，提高奶牛繁殖效率和养殖场的经济效益。

二、可持续发展视角下的繁殖健康管理

(一) 绿色环保繁殖技术的研发

在全球环境保护意识日益增强的今天，奶牛养殖业也面临着转型升级的重要任务，其中研发绿色环保的繁殖技术成为了一个不可回避且至关重要的方向。这一转型不仅是为了响应全球对环境保护的迫切需求，更是为了保障奶牛养殖业的可持续发展，确保畜产品的质量和安全，同时减轻对环境的负担。

传统繁殖技术中，激素类药物的使用在一定程度上提高了奶牛的繁殖效率，但同时也带来了环境污染和畜产品质量安全的潜在风险。这些激素残留可能在奶牛体内积累，进而通过奶品和肉制品进入人类食物链，对人类健康构成潜在威胁。此外，激素类药物的排放还可能对水体、土壤等自然环境造成污染，影响生态系统的平衡。

因此，探索开发无激素或低激素残留的繁殖调控技术显得尤为重要。这包括研究新型的生物调控方法（如利用基因工程技术、细胞生物学技术等），实现对奶牛繁殖周期的精准调控，减少对激素类药物的依赖。同时，也可以考虑开发具有类似激素效应但更为安全、环保的替代品（如植物性雌激素等），以满足奶牛繁殖管理的需求，同时降低对环境的负面影响。

除了繁殖调控技术的革新，研究利用天然植物提取物、益生菌等绿色替代品来预防和治疗奶牛繁殖障碍性疾病也是未来的重要方向。这些绿色替代品具有天然、安全、环保的特点，能够减少对传统化学药物的依赖，降低药物残留的风险。例如，某些植物提取物具有抗

菌、抗炎、抗氧化等生物活性，可以用于预防和治疗奶牛生殖道感染、子宫内膜炎等疾病；而益生菌则能够调节奶牛肠道菌群平衡，提高机体免疫力，预防繁殖障碍性疾病的发生。

在研发绿色环保的繁殖技术时，我们还需要充分考虑技术的可行性和经济性。这包括评估新技术的成本效益，确保其在奶牛养殖业中的广泛应用不会增加养殖者的经济负担。同时，也需要加强新技术的推广和培训，提高养殖者对绿色环保技术的认知和接受度，推动奶牛养殖业向更加环保、可持续的方向发展。

（二）资源高效利用与循环经济模式

从可持续发展的战略高度审视奶牛繁殖管理，我们不难发现，这一领域正逐步迈向一个更加高效、环保和资源循环利用的新阶段。在这一转型过程中，资源的高效利用和循环经济模式的构建成为奶牛繁殖管理的重要方向。

优化奶牛营养管理是实现资源高效利用的关键一环。通过科学配制饲料，确保奶牛获得全面均衡的营养，不仅可以提高奶牛的繁殖性能和健康状况，还能有效减少粪便中营养物质的排泄量。这意味着我们可以减少因过度喂养或营养失衡而导致的资源浪费，同时降低粪便对环境的污染。为了实现这一目标，我们需要深入研究奶牛的营养需求，开发更加精准、高效的饲料配方，并加强对饲料原料的质量控制，确保饲料的营养价值和安全性。

与此同时，探索将牛粪等废弃物转化为生物能源或有机肥料的有效途径，是实现资源循环利用的重要举措。牛粪作为一种富含有机质的废弃物，具有巨大的资源化利用潜力。通过厌氧发酵、堆肥化处理等技术手段，我们可以将牛粪转化为生物气体（如沼气）、生物燃料（如生物柴油）或有机肥料等高附加值产品。这些产品不仅可以为奶牛养殖业提供清洁能源和优质肥料，还能促进农业生态系统的物质循环和能量流动，实现农业废弃物的资源化利用和生态环境的改善。

在繁殖物资管理方面，推广可重复使用的器械和材料也是实现资源节约和环境保护的重要手段。传统的繁殖管理过程中，一次性用品的使用较为普遍，这不仅增加了资源消耗和废弃物产生，还可能对环境造成污染。因此，我们需要积极推广可重复使用的器械和材料（如可重复使用的输精管、胚胎移植器等），以减少一次性用品的使用量。同时，加强对繁殖物资的回收和再利用，建立完善的物资循环体系，降低资源消耗和废弃物产生的风险。

此外，为了实现奶牛繁殖管理的可持续发展，我们还需要加强技术创新和人才培养。通过引进和研发先进的繁殖技术和设备，提高奶牛繁殖管理的智能化和自动化水平，降低人力成本和提高管理效率。同时，加强对奶牛繁殖管理人员的培训和教育，提高他们的专业素养和环保意识，推动奶牛繁殖管理向更加科学、高效、环保的方向发展。

三、跨学科研究促进奶牛繁殖领域发展

（一）与生物医学工程的融合

在奶牛繁殖领域与生物医学工程学科的深度融合中，我们正见证着一场革命性的变革。这一跨学科的合作不仅为奶牛繁殖障碍的治疗提供了新的思路和手段，更为奶牛养殖业的可持续发展注入了强大的科技动力。

首先，开发更先进的生殖器官修复材料和器械成为这一领域的重要突破点。奶牛在繁殖过程中可能会遭遇生殖道损伤（如子宫脱垂、阴道撕裂等），这些损伤往往会导致繁殖障碍，严重影响奶牛的生育能力和生产性能。传统的治疗方法往往效果有限，且可能带来二次损伤。而生物医学工程学科的介入，为我们提供了全新的解决方案。通过研发具有优良生物相容性、可降解性和力学性能的生殖器官修复材料，我们可以实现对受损生殖器官的有效修复，恢复其正常结构和功能。同时，设计更加精细、智能化的手术器械（如微创手术器械、机器人辅助手术系统等），可以进一步提高手术的安全性和准确性，降低手术风险，促进奶牛的快速康复。

其次，利用组织工程技术构建人工生殖器官或组织，为先天性生殖器官畸形的奶牛提供了前所未有的治疗机会。组织工程技术是一种通过体外培养细胞并诱导其形成特定组织或器官的技术。通过收集奶

牛自身的细胞，经过体外培养和诱导分化，我们可以构建出与奶牛自身生殖器官形态和功能相似的人工生殖器官或组织。这些人工生殖器官或组织不仅可以用于替代因先天畸形而缺失的生殖器官，还可以用于修复因疾病或损伤而受损的生殖器官，为奶牛提供全新的治疗选择。

最后，生物医学工程领域的微流控技术、生物传感器技术等也为奶牛繁殖研究和诊断提供了新的工具和方法。微流控技术是一种在微米尺度上操控流体和粒子的技术，具有高通量、高精度、高集成度等优点。通过构建微流控芯片平台，我们可以实现对奶牛生殖细胞、生殖液等样本的精准操控和分析，为奶牛繁殖性能评估、疾病诊断等提供更加准确、灵敏的检测结果。生物传感器技术则是一种能够实时监测生物体内或体外生物分子变化的技术。通过设计针对奶牛生殖相关生物分子的特异性生物传感器，我们可以实现对奶牛发情周期、妊娠状态、激素水平等生理指标的实时监测和预警，为奶牛繁殖管理提供更加精准、及时的决策支持。

（二）大数据与遗传学研究的协同发展

在奶牛繁殖领域，大数据分析与遗传学研究的协同正引领着一场前所未有的创新风暴。这一跨学科的合作不仅深化了我们对奶牛繁殖机制的理解，更为奶牛养殖业的可持续发展提供了强有力的科技支撑。

大数据分析技术的引入，使得我们能够以前所未有的深度和广度收集、整合并分析奶牛的基因组数据、繁殖性能数据以及环境数据。这些数据涵盖了奶牛的遗传特征、繁殖历史、生产性能、健康状况以及饲养环境等多个方面，为我们揭示基因与环境相互作用对奶牛繁殖性能的复杂影响提供了丰富的素材。

通过大数据分析，我们可以深入挖掘出隐藏在海量数据中的规律和趋势。例如，我们可以利用机器学习算法对奶牛基因组数据进行深度挖掘，发现与繁殖性能密切相关的基因变异或基因标记。这些基因标记不仅可以用于预测奶牛的繁殖能力、繁殖成功率等关键指标，还可以为奶牛的遗传改良提供重要的遗传资源。

同时，大数据分析还能够揭示环境因素对奶牛繁殖性能的影响。环境因素包括饲养管理条件、气候条件、饲料质量等多个方面，这些因素都可能对奶牛的繁殖性能产生直接或间接的影响。通过大数据分析，我们可以量化这些环境因素对奶牛繁殖性能的具体影响程度，为优化饲养管理、提高繁殖效率提供科学依据。

此外，大数据分析还能够促进奶牛繁殖领域的精准管理。通过实时监测和分析奶牛的各项生理指标和繁殖性能数据，我们可以及时发现并解决潜在的繁殖问题，如发情异常、妊娠失败等。这种精准管理不仅有助于提高奶牛的繁殖成功率，还能够降低因繁殖障碍而导致的经济损失。

在遗传学研究方面，随着基因测序技术的不断进步和成本的降低，我们现在已经能够以前所未有的精度和深度解析奶牛的基因组。这不仅为我们提供了更加丰富的遗传信息，还使我们能够更加准确地评估不同基因变异对奶牛繁殖性能的影响。

第四节　行业发展与社会影响

一、奶牛养殖业的可持续发展

（一）繁殖效率与产业稳定

在奶牛繁殖障碍疾病得到有效防控的背景下，奶牛养殖业的繁殖效率将大大提升，这不仅对奶牛种群的数量和质量产生了深远的影响，更影响整个乳制品行业的可持续发展。

繁殖作为奶牛养殖产业的核心环节，其效率的高低直接关系到奶牛种群的更新速度和整体质量。当繁殖障碍疾病得到有效控制，奶牛的受孕率、怀胎率和产犊率将显著提升，这意味着更多健康、强壮的后备奶牛将被培育出来，为奶牛种群的持续发展和养殖规模的扩大提供了有力保障。同时，新生犊牛的健康状况也将得到改善，它们的成活率更高，生长速度更快，为未来的奶牛种群注入了新的活力。

第八章 结语

对于乳制品行业而言,稳定的奶源供应是确保整个产业链稳定运行的关键所在。随着奶牛繁殖效率的提升,乳制品加工企业将能够获得更加充足、稳定的原料供应,这有助于他们进行更为合理、高效的生产规划。不仅可以避免因原料短缺而导致的生产中断或产品质量波动,还能更好地满足市场对各类乳制品(如牛奶、酸奶、奶酪等)日益增长的消费需求。

从资源利用效率的角度来看,健康的奶牛繁殖体系也带来了显著的正面效应。没有繁殖障碍的奶牛能够按照正常的繁殖周期和生产计划进行采食,这不仅避免了因疾病导致的采食异常和饲料浪费现象,还提高了饲料的利用效率。同时,在土地利用方面,养殖场也可以根据稳定的种群规模和繁殖计划,对牛舍建设和牧场放牧面积进行合理规划。提高土地利用效率的同时,有效减少因奶牛繁殖问题造成的土地闲置或过度使用等问题,为奶牛养殖业的可持续发展注入了新的动力。

(二)环境保护与绿色养殖

随着奶牛繁殖障碍疾病防控措施的不断优化与升级,奶牛养殖业在环境保护领域正展现出愈发积极的姿态和显著的贡献。长期以来,疾病治疗过程中抗生素的过度使用一直是奶牛养殖行业面临的一个棘手环境问题。这不仅导致了药物残留对土壤、水源和空气的潜在污染风险,还可能对生态系统中的微生物群落造成破坏,进而影响整个生态系统的平衡与稳定。

然而,随着繁殖障碍疾病防控手段的不断进步,奶牛养殖业正逐步减少对抗生素的依赖。例如,通过更科学的预防策略、更精准的诊断技术和更有效的治疗手段,子宫内膜炎等常见繁殖障碍疾病得到了更好的控制。这意味着奶牛在治疗过程中不再需要依赖大量的抗生素,从而大幅降低了奶牛粪便中的抗生素含量,减轻了对土壤微生物群落的破坏和对地下水的污染风险。

此外,长期大量使用抗生素所导致的细菌耐药性问题一直是全球公共卫生领域关注的焦点。在奶牛养殖中,有效防控繁殖障碍疾病不仅有助于缓解这一问题,还能降低耐药细菌在养殖环境中的传播和扩散风险，从而维护养殖环境的健康与稳定。

从整个养殖过程来看，健康的奶牛繁殖体系不仅提高了养殖效率，还有利于更合理地规划养殖规模和资源配置。这使得养殖废弃物（如粪便、废水等）的产生量和排放更加可控，为废弃物的科学处理与资源化利用提供了有利条件。通过采用先进的废弃物处理技术（如堆肥发酵、厌氧消化等），可将这些废弃物转化为有机肥料或能源，实现资源的循环利用。有助于减少养殖废弃物对环境的污染，促进奶牛养殖业与生态环境的和谐共生，推动绿色养殖模式的发展，为奶牛养殖业的可持续发展注入动力。

二、社会经济效益与公共卫生意义

(一) 社会经济效益

对奶牛繁殖障碍疾病的有效控制，无疑为奶牛养殖者带来了显著且直接的经济收益。这些繁殖障碍（如奶牛受孕困难、流产频发、产奶量骤降以及高昂的治疗成本），一直是困扰养殖者的难题，也是导致经济损失的重要因素。以卵巢囊肿为例，这是一种常见的繁殖障碍疾病，患病奶牛由于长期不发情，无法完成正常的繁殖周期，从而无法受孕产犊，进而无法为养殖者带来额外的养殖收入。同时，为了诊断和治疗这类疾病，养殖者往往需要投入大量的资金和时间，这无疑进一步加重了他们的经济负担。

然而，当繁殖障碍疾病得到有效控制后，奶牛的健康状况得到了显著改善，它们的繁殖性能也逐渐恢复正常。这意味着奶牛能够按时发情、顺利受孕，产奶量也趋于稳定，从而减少了因繁殖问题而导致的奶牛过早淘汰现象。这样一来，养殖者不仅无需再为诊断和治疗疾病而投入大量资金，而且因奶牛繁殖性能的提升而获得了更多的养殖收入。这种经济效益的提升，对于个体养殖户来说，无疑是雪中送炭的好消息。

而这种经济效益的提升，并不仅仅局限于个体养殖户层面。对于整个乳业产业链来说，稳定的奶牛繁殖性能同样具有重要意义。乳制品加工企业能够获得稳定且高质量的奶源供应，这为他们保持生产的连续性和产品质量的稳定性提供了有力保障。在这样的市场环境下，企业能够更好地规划生产、降低风险，进而稳定并扩大市场份额，增强市场竞争力。同时，产业链上下游的相关企业也能够从中受益。饲料供应商、运输企业等能够享受到稳定的业务需求，这不仅保障了他们的就业机会和经济收益，还促进了整个产业链的稳定发展。这种经济效益的传递效应，使得整个乳业产业链都呈现出了更加繁荣、稳定的态势。

从更宏观的层面来看，随着奶牛健康水平的提升和乳制品质量的提高，消费者对乳制品的信心也在不断增强。他们更愿意购买和食用高质量的乳制品，从而促进了乳制品消费市场的繁荣。这种消费需求的增长，为乳制品加工企业带来了更多的市场机会，进一步带动了整个乳业经济的发展。可以说，对奶牛繁殖障碍疾病的有效控制，不仅为养殖者带来了直接的经济收益，还为整个乳业产业链的发展注入了新的活力。

（二）公共卫生意义

许多奶牛繁殖障碍疾病，尤其是那些具有人畜共患特性的疾病，如布鲁氏杆菌病，对奶牛养殖业和人类健康都构成了严重威胁。布鲁氏杆菌病不仅会影响奶牛的繁殖功能，导致流产、不孕等生殖问题，降低奶牛的生产性能和经济效益，更重要的是，它还能通过多种途径传播给人类，对人类健康造成深远影响。

人类感染布鲁氏杆菌病后，会出现一系列严重的临床症状，包括持续发热、全身乏力、关节疼痛以及可能的神经系统和心血管系统并发症。该疾病的治疗周期长，难度大，且可能留下长期的后遗症，严重影响患者的生活质量和劳动能力。因此，从保护人类健康的角度出发，加强对奶牛繁殖障碍疾病，特别是人畜共患病的防控，显得尤为重要。

为了有效降低人类感染布鲁氏杆菌病等奶牛繁殖障碍疾病的风险，奶牛养殖业需要采取一系列严格的防控措施。这包括加强奶牛群的检疫工作，确保新引进的奶牛不携带病原体；实施全面的疫苗接种计划，提高奶牛群的免疫力；以及加强养殖场的生物安全管理，防止病原体在养殖场内传播和扩散。

同时,养殖过程中还需要加强对繁殖障碍疾病的监测和防控。通过定期的健康检查和实验室检测,及时发现和处理潜在的公共卫生威胁,防止疾病在奶牛群和人类之间传播。这不仅可以减少公共卫生事件的发生,降低人类感染疾病的风险,还可以维护社会稳定和公共卫生体系的健康运行。

参考文献

边巴，2014. 常见奶牛繁殖障碍疾病的防治措施［J］. 甘肃畜牧兽医，44（8）：62，64.

董志，2019. 奶牛常见繁殖障碍性疾病的防治［J］. 农业与技术，39（22）：136-137.

李冬梅，2018. 奶牛常见繁殖障碍性疾病防治要点［J］. 农民致富之友（5）：125.

李泽然，2022. 奶牛繁殖障碍性疾病防控技术探讨［J］. 中国乳业（12）：63-67.

梁小军，2012. 奶牛繁殖障碍的现状、危害和病因分析及防制对策的思考［J］. 上海畜牧兽医通讯（2）：56-58.

刘建强，2021. 奶牛常见繁殖障碍性疾病的病因分析、临床症状与治疗［J］. 现代畜牧科技（8）：137-138.

刘秀玲，卢静义，耿艳，2006. 奶牛常见的繁殖障碍性疾病及防治［J］. 河南畜牧兽医（1）：29-31.

任丽杰，2024. 奶牛子宫内膜炎的诊断及治疗措施［J］. 畜牧业环境（1）：96-97.

王彦华，2017. 奶牛繁殖障碍与营养调理［J］. 畜牧兽医科技信息（10）：53.

赵延民，2016. 奶牛繁殖障碍的病因分析及防治措施［J］. 现代畜牧科技（7）：152.